乡村振兴视角下乡村建筑设计研究

刘国元　著

北京工业大学出版社

图书在版编目（CIP）数据

乡村振兴视角下乡村建筑设计研究 / 刘国元著．——
北京：北京工业大学出版社，2022.12
　ISBN 978-7-5639-8541-8

　Ⅰ．①乡… Ⅱ．①刘… Ⅲ．①乡村规划－建筑设计－
研究－中国 Ⅳ．① TU984.29

中国版本图书馆 CIP 数据核字（2022）第 249208 号

乡村振兴视角下乡村建筑设计研究
XIANGCUN ZHENXING SHIJIAO XIA XIANGCUN JIANZHU SHEJI YANJIU

著　　者： 刘国元
责任编辑： 张　娇
封面设计： 知更壹点
出版发行： 北京工业大学出版社
　　　　　　（北京市朝阳区平乐园 100 号　邮编：100124）
　　　　　　010-67391722（传真）　bgdcbs@sina.com
经销单位： 全国各地新华书店
承印单位： 唐山市铭诚印刷有限公司
开　　本： 710 毫米 ×1000 毫米　1/16
印　　张： 8.25
字　　数： 165 千字
版　　次： 2023 年 4 月第 1 版
印　　次： 2023 年 4 月第 1 次印刷
标准书号： ISBN 978-7-5639-8541-8
定　　价： 72.00 元

作者简介

刘国元，安徽颍上人，毕业于中国矿业大学，任职于中铁合肥建筑市政工程设计研究院有限公司，担任副总经理一职，正高级工程师，主要研究方向：建筑设计。

前　言

在乡村振兴战略背景下，建筑作为历史的沉淀，见证了乡村的变迁。建筑风格不仅体现了一个村落的文化和历史，而且体现了该地的地域特色。具有地域文化特色的乡村建筑不仅可以加深人们对于村落的认知，而且可以增强村民对于"家"的归属感。如今，有很多乡村建筑的设计，既传承了当地的地域文化特色，又在展现文化理念的基础上进一步创新，形成了极具特色的乡村建筑。

全书共六章。第一章为乡村振兴战略概述，主要阐述了乡村振兴战略的提出、乡村振兴战略的总体要求和目标任务、乡村振兴战略实施的意义等内容；第二章为乡村建筑设计基本理论，主要阐述了乡村建筑类型、乡村建筑设计理论来源、乡村建筑设计原则、乡村建筑设计注意要点等内容；第三章为乡村振兴视角下乡村建筑设计现状，主要阐述了乡村建筑的发展历程、乡村振兴视角下乡村建筑设计存在的问题、乡村振兴视角下乡村建筑设计的发展趋势等内容；第四章为乡村振兴视角下乡村建筑设计过程，主要阐述了设计过程的阶段划分、调研阶段、目标策划阶段、全过程设计阶段、建造与运营阶段等内容；第五章为乡村振兴视角下乡村建筑设计策略，主要阐述了乡村建筑设计中的策划与运营策略、乡村建筑设计中的公共参与策略、乡村建筑设计中的"在地"策略、乡村建筑设计中的低碳运用策略等内容；第六章为乡村振兴视角下乡村建筑设计实例，主要阐述了马郢项目、虎凹欢乐茶谷项目、故乡的茶、郎溪茶产业园等实例的相关内容。

在撰写本书的过程中，作者借鉴了国内外很多相关的研究成果，在此对相关学者、专家表示诚挚的感谢。

由于作者水平有限，书中有一些内容还有待进一步深入研究和论证，在此恳切地希望各位同行专家和读者朋友予以斧正。

目　录

第一章　乡村振兴战略概述

　　脱贫攻坚战的完美收官，为新时代乡村振兴战略的实施奠定了新的历史起点。厘清新发展阶段乡村振兴战略实施的主要思路，有助于推动我国乡村经济社会高质量发展。本章分为乡村振兴战略的提出、乡村振兴战略的总体要求和目标任务、乡村振兴战略实施的意义三部分，主要包括乡村振兴战略的概念、乡村振兴战略的提出背景、乡村振兴战略的总体要求等内容。

第一节　乡村振兴战略的提出

一、乡村振兴战略的概念

　　党的二十大报告再次强调全面推进实施乡村振兴。坚持农业农村优先发展，坚持城乡融合发展，畅通城乡要素流动。扎实推动乡村产业、人才、文化、生态、组织振兴。实施乡村振兴战略不仅是基于适应我国社会主要矛盾发生变化的需要，也是实现"两个一百年"奋斗目标和中华民族伟大复兴的必然要求。

　　在党和国家以及全国人民长期的不懈努力之下，我国"三农"事业的发展取得了令人瞩目的成就，主要表现如下：一是转变了以往落后的农业发展生产方式，农产品质量和数量不断提高；二是传统的农业产业结构发生了较大变化，农产品供给更加丰富多样；三是社会主义新农村建设加快推进。受主客观等多方面因素的制约，我国"三农"事业发展仍然面临一些问题：一是农业生产方式相较其他国家和地方来说还是相对滞后的；二是农村产业发展优势明显不足，主要体现为农村产业经营管理滞后、产业经营机制单一、农业产业化制度不完善；三是农村老龄化和空心化等问题十分突出。

　　习近平总书记指出，"农业农村农民问题是关系国计民生的根本性问题，必须始终把解决好'三农'问题作为全党工作重中之重"。实施乡村振兴战略是有效解决新时代"三农"问题的客观需要，有着深刻内涵。第一，从主体上来看，农民群众既是推动乡村振兴战略落地实施的基本力量，也是经济发展收益的直接获得者；第二，就主要目标客体而言，"五位一体总体布局"是其基础内涵；第三，从实施途径来说，应坚持循序渐进的建设模式推动乡村振兴战略实施，促进农村全面发展与进步；第四，从具体指向来说，我们可以利用乡村振兴战略实现广大农户的物质释放和精神解放，促进中华民族的整体复兴。

二、乡村振兴战略的提出背景

（一）乡村衰落

20 世纪八九十年代，中国开始进行市场经济体制改革，东部沿海地区的企业相继崛起，出现了巨大的劳动力缺口，随之而来的是打工潮的兴起。虽然改革推动了经济的发展，农村居民不像之前那么贫苦，但是随着村民向沿海地区不断涌入，导致乡村年轻群体稀少，农业产业逐渐衰退，中国的社会结构发生了巨大的变化，城乡发展差距大，乡村日渐衰落。与发达的城市经济相比，乡村经济发展的落后、收入来源的匮乏，导致高素质人才和年轻群体不愿意留在落后的乡村。年轻群体和高素质人才的缺失使得乡村经济发展举步维艰。

（二）城乡发展不平衡

改革开放推动了城市的发展，满足了人民的物质需求，提高了人民的收入，扩展了人民的经济来源，但是农村区域的经济相对落后，城乡发展差距较大。农村发展存在的农业生产相对落后、农村环境差、基础设施不完善等问题阻碍了城乡一体化的进程，这些问题都必须妥善解决。乡村振兴战略在地方落实中，以安徽省为例，其乡村振兴战略的提出有助于推动安徽省城乡协调发展、实现人民共同富裕。

（三）社会和谐统筹发展的要求

改革开放以来，乡村地区农业生产能力提高了，农民收入也增加了，农民的获得感提升了，在党和政府的推动下，农村道路建设也稳步施行，农民的生产环境也得到改善，方方面面都为乡村振兴开展奠定了扎实的基础。连续多年的政治报告都对"三农"问题做了布局和规划，足以体现"三农"问题的重要性。乡村振兴战略在地方落实中，以安徽省为例，其乡村振兴战略的提出有助于进一步改善民生，促进社会和谐。

第二节　乡村振兴战略的总体要求和目标任务

一、乡村振兴战略的总体要求

（一）产业兴旺是基础

产业兴则经济兴，经济兴则乡村富，没有乡村产业的兴旺发达就没有乡村的振兴发展。从乡村生产力发展状况和乡村振兴战略实施情况来看，乡村产业兴旺的出发点和落脚点在于农业发展，但从乡村整体发展状况分析，农业还主要集中于规模较小的家庭经营模式，且经营模式单一；大部分青年劳动力背井离乡，导致农村发展缺乏年轻劳动力，乡村农业发展缺少活力；乡村产业还存在第一、二、三产业发展结构失衡，耕地面积逐渐减少，农产品附加值低等问题。

因此，要想使农业强、农村美、农民富就要确保产业兴旺，主要措施包括全面开发农村特色产业、切实把握市场需求，坚持绿色兴农、质量强农、安全保农，形成绿色安全、现代高效的产业产品，吸引年轻劳动力扎根农村、着眼农业，全面实现农业产业的现代化，增强农村农业发展的后劲与活力。

（二）生态宜居是前提

生态宜居既是指保护生态环境，打造青山绿水的田园风光，也是指要营造适宜村民居住的环境，打造留得住人的绿色乡村。健康绿色的生态环境不仅有利于增强村民的幸福感和收获感，而且还可以满足村民日益增长的美好生活需要。实施乡村振兴战略，一方面要坚持节约资源和保护环境的基本国策，践行"绿水青山就是金山银山"的理念；另一方面要抓住一切适当时机向广大群众宣传保护环境的重要性，增强群众保护环境的意识，实现农村环境山清水秀、农村发展绿色健康，建设生态宜居的环境。同时要建立乡村生态环境补偿机制，加强农村地区的环境治理，严禁随意焚烧秸秆、过度使用农业化肥、任意掩埋汞电池和塑料袋等破坏环境的行为。

（三）乡风文明是象征

乡风是乡村在社会发展和时代变迁过程中所形成的社会风气，是乡村人民普遍遵守的风俗习惯和生活方式，其本质是乡村文化。乡村文明则是在经济发展的同时，使乡村人民的精神面貌不断变化，提升村民的文明程度，形成"口袋鼓、脑袋富"的社会环境。推进乡风文明，首先要提高乡民的思想文化和道德素质，宣传邻里互助、包容谦让、真诚热情的乡村传统文化，使乡村充满爱与温暖。其次要保护乡村的文化传播载体，根据乡村文化特点、地域特征，利用乡村特色传统手艺、传统建筑，结合国家乡村振兴战略，打造美丽乡村。最后要加大力度建立适合乡村的文化基础设施。例如，大力修建公共图书馆、文化艺术中心等，让人们在闲余时间接受文化的熏陶，帮助村民树立正确的价值观念和科学理性思维。

（四）治理有效是保障

治理有效就是要对违反社会秩序和法律法规的行为严惩不贷，不断加强对乡村地区的科学治理，不断健全乡村治理体系。随着城镇化发展速度的不断加快，原来乡村治理体系中的某些环节已经不再适应乡村社会的发展。因此，实施乡村振兴战略就必须科学规范地对乡村进行治理。要坚持将自治、德治和法治相结合，促进乡村治理有序发展。自治是乡村治理的基础，民主选举、民主决策、民主管理、民主监督的农村自治制度为乡村治理提供了具体的治理模式。德治是乡村治理的动力，用良好的道德充实村民的精神境界，提高道德素养，使村民自觉遵守社会规范。法治是保障，加大相关法律法规的宣传力度，引导村民懂法守法，不做违背国家、社会和他人利益的事情。此外，治理过程中要坚持党的领导，打造党委领导、社会配合、公众主动参与的现代乡村治理体系。

（五）生活富裕是标志

生活富裕是乡村振兴战略实施的出发点和落脚点，产业兴旺、生态宜居、乡风文明和治理有效等几个方面的科学发展，最终目的都是让农民过上高质量的生活。要使农民过上幸福美好且富裕的生活，一方面要结合乡村实际情况，发展旅游业、畜牧业、种植业等，农业产品要将传统售卖渠道与互联网相结合进行售卖，促进经济发展，从而提高农民收入水平；另一方面要坚持土地基本经营制度保持不变，落实好家庭联产承包责任制，确保农民有地可种，有粮可收，保障农民主要传统农业经济来源只增不减，进而实现生活富裕。

二、乡村振兴战略的具体目标任务——以安徽省为例

安徽乡村振兴战略的目标就是要实现 2018 年中央一号文件中提出的远期奋斗目标，即"农业强、农村美、农民富"的乡村全面振兴的总目标，这里面包含了乡村振兴战略中产业兴旺、生态宜居、乡风文明、治理有效和生活富裕五个方面的要求。实现安徽乡村振兴既是乡村产业兴旺的根本，又是美丽乡村建设和农

民生活幸福的基础。而安徽乡村和谐社会和生态环境的发展，不仅可以促进乡村更好更快发展，而且还可以进一步提高农民的幸福指数，提升农民的幸福感。只有安徽广大的农民收入全面提高了、生活真正幸福了，才算完全实现了乡村全面振兴战略的总目标。

（一）实现农业农村现代化

产业兴旺是乡村振兴的基础，而农业农村的现代化是农村产业兴旺的关键因素。因此，安徽乡村振兴的首要目标就是必须实现安徽的农业农村现代化。只有农村实现了现代化，才能进一步发掘农业的多功能性、发展农业的关联产业，从而支撑安徽农村的全面发展，实现产业兴旺。农村的产业充分发展了，才能留得住人才，为农村的全面发展打下坚实的人才基础。同时农业现代化作为我国社会主义现代化强国建设的重要基础，绝不能落后于其他产业，所以必须早日实现农村农业现代化的目标。

除此之外，实现农业农村现代化也是保障国家粮食安全的要求，虽然我国主要粮食产量已经基本能够满足我国 14 亿多人的口粮需要，但是因为人们生活水平的提高要求有多样化的饮食选择，所以我国每年依然需要进口大量诸如大豆、玉米等粮食作物。还有就是安徽农业农村科学技术发展进步相对缓慢，农田水利等的农业基础设施建设缺少科学规划和充足的维护，农业的机械化水平还不够高，农业农村的发展潜力还可以继续深入挖掘，因此要加快实现安徽农业农村的现代化。

（二）实现美丽乡村的建设

建设美丽乡村不仅要把安徽农村的生态环境和人居环境搞好，更重要的是要让安徽农村有和谐的社会环境。生态宜居是乡村振兴的关键。实现乡村生态宜居，更是广大农民群众对美好生活的需求。当前，安徽农村生态环境脏乱差的问题依然突出，短期内难以得到根本性改变。没有生态和人居环境的振兴，党和人民真正希望的乡村振兴就无法充分实现。在此基础上，2019 年中央一号文件对解决农村生态环境问题进行了一系列的重要部署，并提出以农村垃圾和污水处理以及厕所革命和村庄清洁为重点，全面推进农村人居环境的整治工程。而农村和谐的社会环境需要乡村的有效治理。乡村的有效治理为乡村振兴提供了良好的社会生态基础。安徽农村中存在不和谐的社会现象很大程度上是因为法制废弛、法治不彰。具体体现在两个方面：一是部分安徽农民的法制观念淡薄、有法不依，靠胡闹来维护自身权益；二是部分村干部自以为是、妄自尊大、知法犯法，随意侵占农民的利益，成为贪污腐败的罪犯。对此，2018年中央一号文件首次提出了法治乡村的理念，强化法律在乡村治理中的作用。安徽农村要将美丽乡村建设作为乡村振兴的目标，不仅要把安徽的村庄环境整治得干净整洁有序，增强广大村民的环境与健康意识，更要把安徽的农村社会环境治理好，走自治、法治、德治结合的乡村治理道路，打造具有安徽特色的美丽乡村。

（三）实现农村乡风文明

乡风文明是乡村振兴的灵魂，也是推动乡村振兴的重要保障。从我国乡村整体的发展现状和发展趋势来看，乡村文明在内外两方面不利因素的冲击下，不仅面临着如何重构的问题，而且要抉择未来的方向，是彻底消亡还是浴火重生。在外部方面，因为城市的优势地位，城市文明得以快速地侵蚀着乡村的传统道德，也导致乡土文明的日渐式微，农户的传统观念日益淡化，进城农民的恋土情节日趋弱化，整个乡土文化日益被边缘化。在内部方面，因为农村人口的大量外流，农村人口老龄化和村庄空心化等问题突出，所以传统农耕文化和乡土文明在不断解体。就当下而言，安徽农村地区的陈规陋习依然大量存在，法治不彰、歪风邪气等问题还在某种程度上影响安徽农村的社会风气。

因此，安徽乡村振兴必须将乡风文明作为重要目标。乡村需要结合当地的优秀传统文化，建设农民群众喜闻乐见的具有自身特色的基础文化设施，同时让农民参与到公共文化的建设中，让农民自己选择喜爱的文化产品，润物无声地营造良好的社会氛围，从而实现农村的乡风文明。这也是乡村振兴战略中乡风文明建设的内在要求。

（四）实现农民生活幸福

我国是一个农业大国，但还不是农业强国。农民是劳动力的重要来源，是不可忽视的财富创造者，为我国的发展做出了不可磨灭的贡献。改革开放以来，我国居民的整体生活水平都已经得到长足的进步，收入水平也得到了大幅度提高。但是，农民与城市居民的收入仍有较大的差距。发展不充分的问题依然是农村发展面临的主要问题，发达的生产力基础是农民追求美好生活的重要手段。实现社会生产力的全面进步与提高，关键在农村，难点也在农村。只有大力发展社会生产力，我们才能改变农村落后于城市的现状，缩小城市居民和农民的收入差距，实现安徽农民生活富裕、精神富足。

第三节　乡村振兴战略实施的意义

一、保障国家粮食安全

"洪范八政，食为政首。"我们身处一个人口众多的大国，解决粮食问题始终是国家的重中之重。尽管我国的粮食年年都在丰收，但这是一个比较紧的平衡，紧的平衡将一直是我国粮食安全的长期趋势。我国人口有14亿多，只有牢牢把握住自己的饭碗，我们才能维持整个社会的和谐稳定。我国只有这么多的耕地，农业潜力也难以在短时间取得显著提升，因此我们不能在粮食问题上有任何放松。

乡村振兴战略在地方落实中，以安徽省为例，其作为我国重要的粮食基地，对于保障国家粮食安全具有重要意义。要筑牢建设社会主义现代化强国的农业基础，就要不断加大对农业的支持力度，让农村实现振兴是应有之义。2002年，我国开始从全球大量购买大豆、玉米等粮食，成为粮食净进口国。2015年以来，我国每年粮食进口量基本维持在1亿吨以上。2022年，我国累计进口粮食14687.2万吨。在进口量方面，水稻和小麦的进口量较低，进口的主要是豆类和玉米等动物性饲料。我们必须清楚地认识到，虽然扩大粮食进口有助于暂时缓解我国粮食产量与土地资源的矛盾，但是全球粮食的全年贸易量并不能满足我国的需要，所以绝不能夸大全球贸易中粮食进口的作用，更不能迷信"市场万能"的神话。将货币、石油、粮食分别比作黄金、黑金、白金的"三金说"已经成为国际流行的说法，也就意味着粮食已经成为一种武器。所以，中国人的饭碗要端在自己手里，绝不能任由国际资本操控。

二、缩小城乡发展差距

改革开放以来，制度变革带来的巨大红利驱动我国城乡居民生活水平迅速提升，然而，城乡居民收入差距呈现不断扩大的趋势也是一个不争的事实。

党的二十大报告指出，坚持城乡融合发展，畅通城乡要素流动。有国家顶层设计的科学引导，有一系列强农惠农富农的政策支持，未来我国农村必将沿着既定规划的发展路径，在居民收入水平、教育、医疗、社会保障以及生态宜居等各个方面逐步缩小与城市之间的发展差距，真正使农业农村的进步与城市发展互融互促、协调推进。

乡村振兴战略在地方落实中，以安徽省为例，在城镇化快速推进的过程中，我国农村社会发展的主要趋势是乡村衰败，安徽农村也是如此，而且乡村衰败的主要特征不仅有农业边缘化、农村空心化、农民老龄化的共同性，还有落后文化的泛滥。此外，安徽农村环境治理还有不足，青山绿水的保护力度不够。城乡是经济社会发展不可分割的整体，从我国城乡发展的实际情况看，城乡差距的扩大已经成为制约城乡之间良性循环发展的重要因素，主要表现在新市场开发的制约和人力资源的制约。促进城乡融合发展一方面可以大幅度提高农民的收入水平，充分打开巨大的潜在国内市场，促进城市经济的发展；另一方面，可以吸引接受过良好职业教育的优秀人才回乡创业，他们有能力带动乡村的全面发展。安徽乡村振兴的探索实践，可以为其他地区农业和农村进一步提升发展指明新道路，成为缩小城乡差距和实现城乡融合的重要抓手，促进我国社会的全面发展。

三、实现社会主义的本质要求

社会主义的本质要求是"消除贫困，改善民生，逐步实现共同富裕"。当前我国广大人民中生活水平最差的是农民群体，收入最低的还是农民群体。在中国特色社会主义的建设过程中，每一个人都贡献了自己的青春和汗水，为早日实现中华民族伟大复兴的中国梦不懈奋斗。虽然农业的边际效益没有工业和服务业高，但是农业的基础地位是不可动摇的，广大农民也在自己的岗位上做出了突出的贡献。乡村振兴战略就是让广大农民能够共享社会主义社会的福利，不让每一个农民掉队是我们社会主义国家的本质体现。我党始终把人民放在最高位置，坚持以人民为中心，让亿万农民有更多实实在在的获得感、幸福感、安全感，改善农民生活，实现共同富裕，践行立党为公、执政为民的执政理念。我党一直坚守"每个人的全面而自由的发展"这一马克思主义的崇高理想。在现代化进程中，我党绝不会把任何一个人丢下，始终坚持党的执政理念和社会主义的本质要求，让农村人民全部过上美好生活，实现全面的发展。

四、满足农民对美好生活的需要

党的十九大报告指出："全党同志一定要永远与人民同呼吸、共命运、心连心，永远把人民对美好生活的向往作为奋斗目标。"在乡村振兴的过程中，不能丢下任何一个农民，必须实现共同富裕，满足广大农民对美好生活的需要。为了实现共同富裕的目标，就要大力解放生产力。邓小平指出，"按照历史唯物主义的观点来讲，正确的政治领导的成果，归根结底要表现在社会生产力的发展上，人民物质文化生活的改善上"。提高人民生活水平是党的基本纲领的重要内容。满足农民对美好生活的需要首先要抓住农民最关心的、最直接也是最实际的利益问题。我们必须坚持底线，编织民生安全网的"底线"，保护农民的基本生活；引导期望，坚持每个人的参与、每个人的责任和每个人的享受，提高和改善民生，并强调教育、卫生、社会保障、社会治理等有利于人民的项目，在改善民生和福祉的同时不断提高农民的幸福指数，满足农民对美好生活的向往。乡村振兴战略在地方落实中，以安徽省为例，其乡村振兴就是为了能够全方位提高农民的获得感与幸福感，满足农民对美好生活的需要。

五、创新和完善农村基本经营制度

乡村振兴战略在地方落实中，以安徽省为例，凤阳县小岗村的大包干开启了我国农村改革的大幕，也为改革开放打开了突破口。同时安徽一直是我国农村改革的排头兵，引领农村改革的方向。在安徽实现乡村振兴，对于坚持、创新和完善农村基本经营制度具有巨大战略意义。2013年12月，中央农村工作会议指出，"坚持党的农村政策，首要的就是坚持农村基本经营制度"。

农村基本经营制度的确立与完善遵循了"实践是检验真理的唯一标准"的马克思主义思想路线。农村基本经营制度是在总结20多年中国农业长期徘徊、发展速度不快的农业集体化道路失败经验与教训的基础上，从中国的基本国情和社会主义市场经济的探索实践以及国际经验出发，从农业产业的特殊属性出发，尊重了农民意愿，再造农村微观组织系统的改革成果。农村基本经营制度关系到农业和农村现代化的顺利推进、农民福利水平的提高以及农村社会的稳定。正因如此，2013年12月23日，中央农村工作会议指出，"坚持农村基本经营制度，不是一句空口号，而是有实实在在的政策要求。要坚持农村土地集体所有，坚持家庭经营基础性地位，坚持稳定土地承包关系，这三条无论如何都不能变"。40多年的改革经验表明，党在农村的各项政策只有与之相适应，形成协调高效的农村经济制度体系，才会有利于促进农村基本经营制度的巩固和完善，才会适应实现农业现代化和农村全面小康的根本要求。党的十九大将保持土地承包关系稳定贯彻到底，继续延长土地承包30年，给农民稳定的承包经营预期，保障农民的土地权益，以实现我国土地制度的连续稳定性。2016年4月，在安徽省凤阳县小岗村农村改革座谈会上，习近平总书记指出，"要尊重农民意愿和维护农民权益，把选择权交给农民，由农民选择而不是代替农民选择，可以示范和引导，但不搞强迫命令、不刮风、不一刀切。不管怎么改，都不能把农村土地集体所有制改垮了，不能把耕地改少了，不能把粮食生产能力改弱了，不能把农民利益损害了"。中国农村实行土地集体所有制是社会主义公有制的内在要求，也是由中国基本国情、历史遗产、所处的发展阶段等多个因素综合的选择结果。变革土地所有权的集体所有制性质不符合中国社会现实，并可能会引发社会动荡。

实践表明，现行土地集体所有制促进了农村社会稳定，并且没有影响农村劳动力的外出转移步伐，也没有出现经营者对土地竭泽而渔的短视现象，在促进中国农业持续增长的同时，有效地保障了城镇化进程的顺利推进，避免了因土地私有或国有化的大变革而可能带来的社会矛盾激化和高昂的制度变迁成本，为建设中国特色的社会主义市场经济、平稳推进中国的现代化进程，提供了灵活而富有弹性的制度安排。实现乡村振兴，对于巩固中国共产党各项农村政策的根基具有非常重大的意义。

第二章 乡村建筑设计基本理论

在当代中国，农村的概念逐渐被乡村取代，乡村从单纯强调生产发展为功能复合。近年来，随着国家乡村振兴战略的提出，乡村建筑设计方兴未艾，研究乡村建筑设计基本理论显得尤为重要。本章分为乡村建筑类型、乡村建筑设计理论来源、乡村建筑设计原则、乡村建筑设计注意要点四部分，主要包括乡村建筑类型的综合分类、区域传统乡村建筑分类——以安徽民居为例、绿色建筑设计理论、在地性建筑设计理论、整体优化原则、因地制宜原则等内容。

第一节 乡村建筑类型

一、乡村建筑类型的综合分类

（一）按住宅的层数分类

1. 单层的平房住宅

传统的新农村住宅多为平房住宅。随着经济的发展，技术的进步、改革，人居环境方面的要求已成为广大农民群众的迫切要求。但由于受经济条件的制约，近期新农村住宅建设仍应以注重改善传统新农村住宅的人居环境为主。在经济条件允许的情况下，为了节约土地，不应提倡平房住宅。除非是在一些边远的山区或地多人少的地区，可采用单层的平房住宅，但也应有现代化的设计理念。

2. 低层住宅

三层以下的住宅称为低层住宅，是新农村住宅的主要类型。低层住宅一般为独院式、毗连式、联排式。它们在设计方法、建筑平面、庭院布置、剖面设计上均有许多不同于多层住宅之处，其特点是平面组合较灵活，能适应不同面积标准的要求，层数少，上下联系方便；可省去公共交通面积。

3. 多层住宅

六层以下的称为多层住宅，在新农村建设中常见的为四层或五层的住宅。当前，随着我国建筑行业的不断发展，多层住宅在城市住房中较为常见。因此，在多层住宅建筑实际的施工管理中，需要相应部门重视起来，才能最大程度确保住宅建筑的质量，使多层住宅能够顺利发展。

（二）按结构形式分类

1. 木结构与木质结构

木结构和木质结构是以木材和木质材料为主要承重结构和围护结构的建筑。木结构是中国传统民居（尤其是农村住宅）广为采用的主要结构形式。但由于森林资源遭到乱砍滥伐，导致水土流失、木材严重奇缺，木结构建筑从20世纪50年代末便开始被严禁使用。然而，世界各国对木结构建筑的推广应用十分迅速，尤其是在加拿大、美国、新西兰、日本以及北欧的一些国家，不仅木结构广为应用，而且十分重视以人工速生林、次生林和木质纤维为主的集成材料的运用，各种作物秸秆的木质材料的运用也得到迅速发展。我国在这方面的研究也已奋起直追，取得了可喜的成果。这将为木质结构的推广创造必不可少的基本条件。

2. 砖木结构

砖木结构是以木构架为承重结构，而以砖为围护结构或者以砖柱砖墙承重的木屋架结构。这在传统的民居中应用也十分广泛。

3. 砖混结构

砖混结构主要由砖、石和钢筋混凝土组成。其结构以砖（石）墙或柱为垂直承重构件，承受垂直荷载，而用钢筋混凝土做楼板、梁、过梁、屋面等横向（水平）承重构件搁置在砖（石）墙或柱上。这是目前我国乡村住宅中最为常用的结构。

4. 框架结构

框架结构就是由梁柱作为主要构件组成住宅的骨架。除了上面已单独介绍的木结构和木质结构外，目前在新农村住宅建设中主要应用的还有钢筋混凝土结构和轻钢结构。

（三）按庭院的分布形式分类

庭院是中国传统民居最富独特魅力的组成部分。乐嘉藻先生早在1933年所撰的《中国建筑史》中便指出："中国建筑，与欧洲建筑不同，其分类之法亦异。

欧洲宅舍，无论间数多少，皆集合而成一体。中国者，则由三间、五间之平屋，合为三合、四合之院落，再由两院、三院合为一所大宅。此布置之不同也。"梁思成先生在其著作《中国建筑史》一书中也写道："庭院是中国古代建筑的灵魂。"庭院也称院落，在中国传统建筑中所处的那种至高无上的地位，源于"天人合一"的哲学思想，体现了作为生土地灵的人对于原生环境的一种依恋和渴求。但是，经济飞速发展、过度追求经济效益，造成对生态环境的冷漠和严重破坏，加上宅基地的限制，使得住宅建筑过分强调建筑面积，建筑几乎涵盖了全部的宅基地，不但缺乏传统建筑中房前屋后的院落空间，天井内院更是被完全忽略和遗弃。

当人们无比痛苦地领受自然的报复时，也对人类百万年来走过的历程进行反思，开始认识到必须适宜合理地运用技术手段来实现人与自然和谐共处。建筑师们通过对中国传统民居文化的深入探索和研究，在新农村住宅设计中，纷纷借鉴传统民居的建筑文化，庭院布置受到普遍的重视，出现了前庭、后院、侧院、前庭后院等多种庭院布置形式。近些年来，随着研究的深入，借助传统民居中天井内庭对住宅采光和自然通风的改善作用，并运用现代技术对天井进行改进，充分利用带有可开启活动玻璃天窗的阳光内庭，使天井内庭能更有效地适应季节的变化，在解决建筑采光、通风、调节温湿度的同时，还能实现建筑节能。

由于各地自然地理条件、气候条件、生活习惯相差较大，因此，合理选择院落的形式，主要应从当地的生活特点和习惯去考虑，一般分为以下五种形式。

1. 前院式（南院式）

庭院一般布置在住房南向，优点是避风向阳，适宜家禽、家畜饲养。缺点是生活院与杂物院混在一起，环境卫生条件较差。北方地区采用较多。

2. 后院式（北院式）

庭院布置在住房的北向，优点是住房朝向好，院落比较隐蔽和阴凉，适宜炎热地区进行家庭副业生产，前后交通方便。缺点是住房易受室外干扰。南方地区采用较多。

3. 前后院式

庭院被住房分隔为前后两部分，分别形成生活与存放杂物的场所。南向院子多为生活院子，北向院子为存放杂物和饲养场所。优点是功能分区明确、使用方便、清洁、卫生、安静。一般适合在宅基地宽度较窄、进深较长的住宅平面布置中使用。

4. 侧院式

庭院被分割成两部分，即生活院和杂物院，一般分别设在住房前面和一侧，构成既分割又连通的空间。优点是功能分区明确，院落净脏分明。

5. 天井式

将庭院布置在住宅的中间，可以为住宅的多个功能空间（房间）引进光线，组织气流，调节小气候，是便利老人的室外活动场地，可以在冬季享受避风的阳光，也是家庭室外半开放的聚会空间。以天井内庭为中心布置各功能空间，除了可以保证各个空间都能有良好的采光和通风外，天井内庭还是住宅内的绿岛，可适当布置"水绿结合"，以达到水绿相互促进、共同调节室内"小气候"的目的，成为住宅内部会呼吸的"肺"。这种汲取传统民居建筑文化的设计手法越来越得到重视，布置形式和尺寸大小也可根据不同条件和使用要求而变化万千。例如，江淮天井式民居是皖中地区分布最为广泛的传统民居样式之一。其建筑形式具有江淮地区典型的建筑特点，布局严谨，设计精巧，既满足了部分深宅内的采光、通风和排水等功能，又与天通与地连，具有江淮民居建筑发展的地方特色。主要分布在今肥东县、肥西县、巢湖市北部一带。

（四）按空间类型分类

1. 垂直分户

垂直分户的住宅一般都是二（三）层的低层住宅，每户不仅占有上下二（三）层的全部空间，即"有天有地"，而且都是独门独院。垂直分户的新农村住宅具有节约用地和有利于农副业活动的优点，可以满足农户对庭院农机具储存和晾晒谷物等的需求。由于传统的民情风俗和生活习惯，已脱离农业生产的住户也仍然希望居住在这种贴近自然按垂直分户带有庭院的二（三）层低层住宅。因此，它是新农村住宅的主要形式。

2. 水平分户

水平分户的新农村住宅一般有两种形式。

（1）水平分户平房住宅

它是每户占据一层的"有天有地"的空间，而且是带有庭院的独门独户的住宅，具有方便生活、便于进行生产活动和接地性良好的特点。但由于占地面积较大，所以应尽量减少采用水平分户的新农村平房住宅。

（2）水平分户多层住宅

水平分户多层住宅一般是六层以下的公寓式住宅，由公共楼梯间进入。新农村多层住宅常用的是一梯两户的形式，每户占有同一层中的部分水平空间。这种住宅除一层外，二层以上都存在着接地性较差的缺点。因此，在设计时应合理确定阳台的进深和阔度，并处理好其与起居厅的关系。

3. 跃层分户

采用跃层分户是新农村住宅建设的一种新的形式，具有节约用地的特点。一般适用于四层的多层住宅，其中，一户占有一、二层的空间，另一户占有三、四层的空间。这种住宅在设计中为了解决三、四层住户接地性较差的问题，往往一方面使三、四层住户的户外楼梯直接从地面开始；另一方面则努力设法扩大阳台的面积，使其形成露台，以保证三、四层的住户具有较多的户外活动空间。

二、区域传统乡村建筑分类——以安徽民居为例

（一）皖南民居

1. 徽州民居

徽州民居平面紧凑，基本布局形式多作内向矩形，厅堂、厢房、门屋、走廊等基本单元围绕长方形天井形成封闭式内院。以天井为连接点，以厅堂为主轴线，点线围合成多样组合的形式，这种形式具有向心性、整体性、封闭性和秩序性等特点，是皖南地区较为常见的组合形式之一。

2. 土墙屋

土墙屋不同于传统徽州砖木结构的民居，以其独特的建筑形式在徽州地区形成另外一种特色。土墙屋使用红土作为材料，其承重结构为土墙，建筑平面形制与传统的民居也有所不同，多为三开间格局，是皖南山区的特色民居类型之一。

3. 树皮屋

树皮屋是徽州地区少见的建筑类型，其建筑构造与传统徽州民居的砖木结构相同，唯独维护外墙结构采用树皮板或木板，形成徽州地区民居的又一特色。

4. 石屋

石屋是徽州地区少见的建筑类型，其建筑构造与传统徽州民居的砖木结构相同，唯独维护外墙结构采用片石，形成徽州地区民居的又一特色。目前，在山地多石地区集中分布，代表地区是休宁县石屋坑村等地。

5. 吊脚楼

宣城泾县章渡村的吊脚楼一面临江，用木柱悬空支架在江上，河水从其下潺潺流过，极富江南水乡情调，又称"千条腿""吊灯阁""吊栋阁"。吊脚楼大多数沿江而建。

6. 皖东南民居

皖东南民居外观简朴，造型端庄大方，梁架工整，色彩沉稳朴素，雕刻精致，室内装饰细致考究，建造技艺精湛，粉墙黛瓦，融入了徽派建筑风格。目前，皖东南民居以宁国胡乐镇民居为代表，集中分布在胡乐和霞乡两村之间。

（二）江淮民居

1. 皖西南大屋

皖西南大屋是江淮民居的重要代表，在建筑特色上吸取了徽派建筑手法，又有很大的独创性。皖西南地区的安庆是古皖国所在地，历史悠久，文化积淀深厚，皖西南古民居正是皖江文化的重要载体。皖西南大屋数量众多、特色鲜明。

2. 皖西北圩寨

圩寨是皖西北乃至整个黄淮平原最具特色的传统民居形式之一，融合了北方合院式民居、南方天井式民居、山地堡寨及水网地区圩子民居的特点，是由水利系统、防御系统和居住系统共同组成的集生活、军事、防洪、生产等功能于一体的综合型聚落，有着鲜明的时代及地域特色。目前，以合肥市肥西县及六安市霍邱县境内保存相对集中、完整。

3. 江淮天井式民居

江淮天井式民居是皖中地区分布最为广泛的传统民居样式之一。其建筑形式具有江淮地区典型的建筑特点，布局严谨，设计精巧，既满足了部分深宅内的采光、通风和排水等功能，又与天通与地连，具有江淮民居建筑发展的地方特色。目前，主要分布在今肥东县、肥西县、巢湖市北部一带。

4. 合肥院落式民居

合肥院落式民居融合了北方院落的布局模式和皖南徽派建筑的部分元素，形制古朴，空间形式和空间组织模式充分反映了家庭结构、家族关系和家族生活，是江淮民居的代表建筑类型之一。合肥院落式民居主要分布在乡村和江淮地区北部。

5. 桐城氏家大宅

桐城氏家大宅以桐城派文化为基础，受到皖南、皖北及江西等地民居在营造方式和风格特点的影响，形成马头墙与硬山并存、穿斗式与抬梁式共有的独特建筑风格；结构上使用墙体空斗砌法、大木承重、竹编内墙分隔等营造方式，兼具防潮、防热等特性；营造理念上重视纲常伦理、强化堂屋祭祀功能；建筑群具有典型的文人士大夫宅邸特色。现存桐城大屋主要分布在桐城"三街一巷"历史街区和孔城镇。

6. 船屋

有的船民历代都生活在船上，以船为家，以船为宅，主要以捕鱼采贝及水路运输为谋生手段，生产生活、饮食起居几乎都在船上。船虽小，食住用具一应俱全。船屋主要分布在安徽省的长江、淮河流域以及巢湖、瓦埠湖、女山湖等湖泊。

（三）皖北民居

1. 亳州四合院

亳州四合院是皖北民居的典型样式之一，又独具特色。亳州四合院可分为住宅型四合院与商业型四合院两种形式。由于皖北与河南、山西临近，气候相似，所以其住宅型四合院的建筑风格以北方建筑的朴实及厚重感为主。在亳州四合院中，住宅型四合院属于北方合院式建筑的范畴，在皖北及豫南均广泛分布；商业型四合院则主要分布于亳州及皖南、苏、浙等地区。

2. 淮北民居

淮北民居多以四合院形式为主，现存民居多建于清末民初。民居采用合院的形式，可以适应皖北地区夏热冬冷、干燥少雨的气候特点，并且适应皖北平原的地形地貌。合院式住宅在淮北分布较为常见，主要形式为三合院和四合院。但随着现代化发展，有些古城宅院已遭到破坏，甚至消失不见。成片的传统民居已不存在，现存的传统民居在淮北呈零星状分布。

第二节 乡村建筑设计理论来源

一、绿色建筑设计理论

（一）绿色建筑设计理念

1. 保护自然，顺应自然

绿色建筑设计理念强调建筑与生态环境的和谐关系，在设计时应充分考虑建设基地周围的自然因素，尽量减小对基地的人工开发力度，保持基地原有的地形地貌特征，保证建筑与周边景观环境之间的协调关系；使用清洁能源和环保材料，并提高对能源的使用效率，从而减少有害排放物和建筑垃圾的产生。

2. 节约能源和用材

挖掘本土资源，尽可能使用本土能源和材料；采用被动式节能措施，从而减少对能源使用的依赖；采取主动式节能措施，利用适宜技术和设备提高能源的使用效率；尽量选用绿色环保的高性能可再生建材，且减少不必要的造型装饰。

3. 提升使用舒适度

绿色建筑应注重使用者的需求，在维护建筑与室外环境和谐关系的同时，还应提升室内环境的使用舒适度，保障使用者生理和心理的健康。

4. 注重建筑的全生命周期

建筑的全生命周期分为规划设计、施工建造、运营使用和废弃拆除等阶段。绿色建筑不仅在规划设计阶段考虑建筑的节能环保性能，在施工建造阶段也尽量采取对周边环境影响较小的技术措施，在运营使用阶段保障室内适宜舒适度的情况下尽量减少能源的消耗和有害物质的排放，在最后的废弃拆除阶段尽量减少建筑垃圾的产生。

5. 跟进时代发展

每个时期的绿色建筑都有不同的发展重心和目标，在规划设计阶段应充分考虑相关政策的导向和科技创新方法的使用，从而进一步提高绿色建筑的前瞻性和时效性。

（二）乡村建筑方面的应用启示

绿色建筑的本质是在保证室内环境舒适的基础上，采用适宜的设计和建造方式来实现建筑自身的节能减排，达到保护自然和节约能源的目的，其适用对象为所有建筑。而乡村建筑的地理位置较为偏僻，所处区域的经济水平较为落后，所处环境的自然生态敏感性也相对较强，需要在经济水平的制约条件下考虑节能减排的设计思路。因此，在乡村建筑设计中，可采用绿色建筑设计方法中较为经济高效的设计策略，如被动式节能方法、低技术建造方式、清洁能源和廉价的高质量材料的使用等。

二、在地性建筑设计理论

（一）国内在地性建筑设计研究概况

在地性建筑是 21 世纪地域主义建筑在我国的本土化发展体现，最早由我国台湾地区的本土设计师提出。近些年，我国台湾建筑师谢英俊、黄声远、廖伟立、邱文杰等人进行了较多成功的在地建筑实践，引发了我国"在地性"建筑研究热潮。

在地性建筑设计理论继承了传统地域性建筑的本土化理念，同时结合了部分批判地域主义和建筑乡土性的思想；在地性建筑设计理论不仅强调建筑对所处地区的地形地貌、自然生态环境和传统文脉肌理等地域因素的充分考虑，而且关注当地居民的生活习惯和需求，并注重对所处时期的建筑技术、建造材料和社会环境等即时条件的综合利用。相比传统地域性建筑，在地性建筑对于地域的范围限定更窄而精确，且具有紧跟时代的即时性。

（二）在地性建筑设计理念

1. 呼应当地生态地理环境

与传统地域主义建筑理念相比，在地性建筑设计理念更加注重对建设基地周边小范围生态地理环境特征的精确考察和分析，而不是只关注较为泛化的地区地域层面。结合当地自然地理环境，在场地设计时应顺应基地原有地形，且尽量保留并利用基地原生绿化景观环境，充分利用当地生态和本土材料资源。

2. 关注即时社会发展现状

充分了解当地当下的社会发展现状，分析当下社会经济状况、建造技术水平和资源材料对建筑的影响和限制，选取当时当地的可得性材料，并采用当下适宜当地社会环境的建造方式和技术，因地因时地体现建筑整体的社会时效性。

3. 延续当地传统文化内涵

当下来自对过去的传承和发展，在地性建筑理念强调建筑的文化属性，注重对过去传统建筑文化内涵和在地场所特征的延续和发展，以传统建筑建造方式和结构形体为基础原型，进行适宜性优化和拓展，提升建筑与场地的传统场所归属感，从而实现建筑对地方传统文脉和场所情感的现代化延续。

4. 关注当地人文生活需求

在地性建筑关注建筑使用者本体，在延续传统生活习俗和场所归属感的基础上，顺应居民当下的生活需要，探索居民未来的生活追求，从而提升当地使用者的幸福感。

（三）乡村建筑方面的应用启示

在地性建筑理念的关注要点为建筑自身的地域性和文化性，其设计思路和策略适用于地域文化背景更为深厚的乡村地区的建筑。因此，在乡村建筑设计中，应在深入研究所处乡村地区的地域特征和文化背景的基础上，采用适宜的在地性建筑设计方式，使乡村建筑能够更好地融入本土地域文化环境当中。

第三节　乡村建筑设计原则

一、整体优化原则

任何规划都是从宏观到微观，乡村建筑的生态规划设计也不例外。乡村建筑的生态规划设计要从区域的整体性出发，对区域的整体生态环境进行规划思考。全面考虑到区域内的各种自然环境要素的综合影响，从大局着手，正确处理整体与局部的联系，考虑建筑生态系统结构和功能需求，才能使规划做到面面俱到，实现节约资源、保护生态、改善环境等目的，最终实现生态、自然、人文的和谐统一。

二、因地制宜原则

不同的区域因为其不同的地形地貌、气候水文、社会条件、传统文化等生态结构而有所区别。乡村建筑的生态规划设计要充分考虑与周围的自然环境相协调，因地制宜，合理利用自然资源，顺天时就地利，保护环境，节约资源。这样不仅能依托美丽的自然设计出优秀的景观，而且能有效减少不必要的能耗和经济支出。同时要与周围的人文环境相适应，尊重地方文化，将当地的传统民俗、历史文化融入乡村建筑设计中，为人们营造安全、舒适、美好的生活空间。

三、可持续发展原则

可持续发展指在当代社会发展的过程中，物质的利用既能满足现代人的需求，又不对后代人满足其需求的能力构成危害的发展。其由两大要素构成，其一"需要"，是指满足贫困人民的基本需要，其二对于"需要"的"限制"，指对于未来环境需要的能力构成危害的限制。可持续发展体现在生活中各个方面，经济、人口、资源、环境等内容的协调发展构成可持续发展战略的重要体系。

1987 年 2 月，世界环境与发展委员会发表了题为"我们共同的未来"的划时代报告，其中依据当今世界环境与发展之中所存在的问题正式提出"可持续发展"的基本理念。从此以后，"可持续发展"理念正式成为世界各国在未来发展中的重要参考。我国也跟着时代的步伐进行发展，而我国是发展中国家，需要解决很多在发展中所面临的问题，如发展的不平衡、不协调、不可持续的问题，因此在 1999 年我国推出了符合我国国情的《1999 中国可持续发展战略报告》。

在建筑学领域中，可持续发展理念的引入也促成更多建筑学理论的形成，可持续发展理念与功能主义相结合出现生态建筑设计理念，也称为绿色建筑理念。其中"生态"与"绿色"不单单是指在建筑上的垂直绿化、屋顶花园、建筑的材料或形态的设计考量。我国 2019 年发布的《绿色建筑评价标准》中指出，绿色建筑是指：在全寿命期内，节约资源、保护环境、减少污染，为人们提供健康、适用、高效的使用空间，最大限度地实现人与自然和谐共生的高质量建筑。建筑落地、改建及扩建，都需要耗费大量的资源，对环境也会造成极大的负担，因此在建筑建造之初就要有完善的设计规划。建筑要符合可持续发展的理念，就需要在前期的设计及规划中遵循绿色建筑的标准。绿色建筑的设计标准首先要遵守因地制宜前提，在此基础上对于建筑提出了安全耐久、健康舒适、生活便利、资源节约和环境宜居的细则要求，这些细则从建筑的选址、建筑本身的建构和建筑材料的应用等方面都提出了明确的评判标准。

四、人与自然和谐发展原则

人本来就是自然中的人，是自然的存在物，人无法离开自然界而存在。自然先于人类，自然的存在与发展是不以人的意识为转移的，自然提供人类生存所需的生活资料和生产资料，人类也在利用自然和改造自然，人类与自然是相互依存紧密联系在一起的，人与自然不仅仅是和谐共存的，而且还是统一的。

在自然界的生态环境中，各种生物之间都是相互依存的，这其中也包括人类与其他生物的相互依存。人类作为自然的存在物，具有主观能动性，可以根据自己的意识去改变和影响其他生物。恩格斯曾说过，人可以通过一系列活动来使自然界为自己的目的服务，进而支配自然界，而动物则仅仅是简单地通过自身的存在在自然界中引起变化，这便是人同其他动物的最终的本质的差别。人类在改造自然界的同时也会引起自然界的变化，因为自然界本身具有发展的客观必然性，如果人类不遵守自然界的客观规律，过度破坏自然界，必然会加重人类居住环境的污染，威胁整个自然界生态链的平衡，进而影响人与自然关系的最终和谐。因此，人类的发展必须与自然界的客观规律相一致，人类主动改造自然必须遵循自然的客观规律，以实现人与自然的和谐共存。

人与自然还是辩证统一的。人类要满足自己的需求就必须进行实践活动，人通过实践活动将自然物转化为自身所需产品，在这一过程中人与自然进行了密切的接触，人与自然的关系就是通过实践来联系的，人类的实践是人与自然的中介。劳动是由人自身的活动来引起、调整和控制人和自然之间的物质变换的过程，它首先是人和自然之间的过程。在人类的生产实践中，自然界提供物质资料，人类通过劳动实践将物质资料转化为所需产品，通过实践，人与自然紧密地联系在一起，人与自然相辅相成、密不可分，如果没有自然提供物质资料，那么人类将无法生存，如果没有人类对自然的实践活动，那自然对人类来说也没有什么意义。这个世界上的任何事物都是一个矛盾的统一整体。人与自然相辅相成、密不可分，人的一切活动都离不开自然界，人类发挥能动性所能做的仅仅是改变、开发、改造、利用自然的方式方法，在科学技术的推动下逐渐扩大认识和利用自然的深度和范围。人类为了满足自己的欲望，不断加大对自然的要求，竭力改变自然现有状态，使之更好地为自己服务，从这个角度来说，人与自然之间又是相互斗争的。但是改变一旦超出自然的承受力那自然就会反过来报复我们，破坏自然就等于在伤害我们自己。因此，我们要保护环境，合理开发利用资源，认人与自然保持和谐与统一的关系。

第四节　乡村建筑设计注意要点

一、整体与局部的辩证统一

乡村建筑设计应该注重整体与局部的辩证统一。

（一）整体村域层面

乡村建筑设计应放眼整体村域环境，统一所有建筑的建筑风格，如采用相似的屋顶形式、相近的建筑材料，同类型的建筑采用规模相差不大的建筑体量和层数限定；在统一风格的限定下，可适当采用不同的设计构成手法来体现建筑个体之间的差异性，但不能过多地计较个人利益和过度地投入自我创作热情而破坏了村域整体建筑风貌的统一性和完整性。

（二）个体建筑层面

从建筑外立面的造型推敲到室内空间的装饰部件都应该在同一基调之下，不能因为个性化的追求而局部采用与整体建筑风格大相径庭的设计手法和建筑部件，破坏了建筑风格的完整性。因此，在进行乡村建筑设计时，应具备整体观念，在统一中追求变化，在变化中维持统一，实现整体与局部的辩证统一。

二、现代与传统的有机融合

建筑设计是一门艺术，是在立足传统的基础上一步步发展而来的。而乡村地区的传统文化氛围和乡土气息较为浓厚，在乡村建筑的发展过程中，如果摒弃传统，一味地追求现代化的表达，那么乡村建筑将逐渐与城市建筑同质化，而失去了传统乡土文化特色的乡村将不再是"乡村"，乡村与城市的界定也将被打破。因此，在乡村建筑的发展过程中应始终立足传统、植根乡土，但并不是一味地复原传统和以旧做旧，而应该以批判、发展的眼光探寻适宜的设计思路和策略，实现现代与传统的有机融合。

三、多方位群体的相互协作

绝大部分乡村建筑都是由村民自发设计和建造的，由于专业性的缺乏和个性化的盲目追求，出现了很多过度现代化或与当地环境格格不入的国外风格的建筑，对乡村地区的传统文化造成了极大的破坏；且部分建筑建造质量较差，居民对居住的舒适度要求得不到满足。近些年，随着政府和社会对乡村建设的越发重视，许多建筑师开始走进乡村进行实践创作，在深入考察了当地的地域文化背景环境的基础上创作了许多专业视角下符合当地乡土文化的好作品。但因为设计师缺乏对居民生活需求和个人喜好的深层了解，随着设计师的离开和村民长时间的使用过后，很多在专业视角下的成功作品却逐渐被村民肆意改造或者遗弃。

因此，乡村建筑的设计和建造应在设计师、村民和本土工匠的相互协作下共同完成，建筑师在深入了解村民的生活需求和本土传统文化的基础上，还应听取一定的村民的意见，并呼吁普通村民随工匠和设计师一起参与建造，对居民日后的自发建造进行正确的示范和指引，促进乡村建筑良性可持续地发展。

第三章 乡村振兴视角下乡村建筑设计现状

乡村振兴视角下的乡村建筑作为新时代发展的产物，其发展历程对于发现当代乡村建筑设计存在的问题和确定乡村建筑设计的发展趋势起着至关重要的作用，同时分析当代乡村建筑存在的需求与矛盾对于正确把控当代乡村建筑的发展方向具有关键作用。本章分为乡村建筑的发展历程、乡村振兴视角下乡村建筑设计存在的问题、乡村振兴视角下乡村建筑设计的发展趋势三部分，主要包括封建社会时期、民国时期、新中国成立初期、新农村建设时期的乡村建筑，乡村建筑设计文化缺失，乡村建筑设计脱离传统建筑理念，体现乡村振兴视角下建筑设计的实用性等内容。

第一节 乡村建筑的发展历程

一、封建社会时期的乡村建筑

1912年之前的中国长期处于相对封闭的皇权统治下的农耕文明社会，造就了两千多年的农业文明，而乡村处于文明开始的初期，故在乡村社会中农业文化深深植入乡村文化之中，使得传统的乡村文化具有以下特征：农本主义思想根植于村民文化生活之中、儒家文化在乡村社会中具有领导地位。

在传统的中国乡村社会中，农业占据核心的主导地位，同中国自身的传统文化观念和哲学思想密不可分。传统乡村社会的经济特征为农本主义，社会发展以农业为主，价值观念中提出"尊天重地"的思想，道德文化以儒家礼仪为标准。这使得农本主义成就了传统社会中的农业文明，也造就了中国特有的农耕文化思想。

中国封建社会时期的建筑装饰不仅具有浓厚的东方文化神韵，而且极大地增强了封建时期建筑的艺术表现力，使建筑物的外观形象更加优美，这也是中国封建社会时期建筑重要的组成部分和独有的特色。

中国封建社会时期的建筑装饰一般都是围绕"土"或者"木"实践的，单座建筑从整个形体到各部分构件，利用木构架的组合、各部件的形状以及材料本身的质感等进行艺术加工，巧妙地把建筑功能、结构和艺术统一起来，这是中国封建社会时期建筑的卓越成就之一。封建社会时期的建筑师，不仅在建筑组群上，而且在建筑单体的各个部位上，都创造了丰富多彩的艺术形象，使每一个房屋构件都能起到装饰作用，这是中国封建社会时期建筑装饰的一个基本特点，也成就了中国封建社会时期建筑富有特征的外观形象。中国封建社会时期的建筑装饰是我国的艺术瑰宝，为以后的建筑奠定了一定的文化基础。封建社会时期的乡村建筑也具有这些特征，不论是整体还是部分都蕴含了艺术形象，具有浓厚的文化韵味，也具有乡村本有的特征，是乡村和封建社会时期建筑的完美结合。

封建社会时期的乡村建筑的主要存在类型可以划分为四大类：精神意识类乡村建筑，如宗庙、祠堂；社会表征类乡村建筑，如牌坊、华表；功能象征类乡村建筑，如书院、学堂；生活生产类乡村建筑，如家庭作坊。这一时期的乡村建筑具有明显的文化特质，但同时由于过于保守而使得其使用性较低。

二、民国时期的乡村建筑

1912—1949 年新中国成立前的民国时期的乡村开始逐渐受到外来文化与社会制度的影响，使得乡村的经济、政治、文化、生活发生了转变，这个时期的乡村建设主要体现在乡村文化、农业经济和社会生活层面。在面对乡村这个体量巨大且长期处于封闭的农业文明作用下的社会时，乡村的建设并没有对根本的文化底蕴产生较大影响。

20 世纪 30 年代国民党统治时期，不仅未能有效缓解乡村衰败引发的各类社会矛盾，相反更激化了农村与城市之间长期隐藏的尖锐冲突，导致了当时整个社会的大动荡。面对日益受到破坏的农村社会，当时的知识分子和政府官员深感不得不对农村进行全面改革，试图寻找出"救济农村""复兴农村"的方法，以此缓解对社会秩序的破坏和维护国家的稳定。

在这样的背景下，以梁漱溟、晏阳初、卢作孚为代表的一批爱国知识分子、以农村复兴委员会为代表的政府组织力量、以毛泽东为首的早期中国共产党人深入农村掀起了一场轰轰烈烈的乡村建设运动。他们对中国传统文化进行了深刻反思，试图通过乡村建设实践去复兴农村，实现民族的再造。三大乡村建设流派通过文化教育提升农民素质、引进动植物品种改良农业生产、建立农村基本医疗体系、建立推广农村合作组织等措施，尝试化解传统农村的社会危机、重建乡村的政治、复兴乡土社会文化、提升农民文化素质。这场以复兴农村为目标实则救济民族的乡村建设运动前后持续了十余年之久，涉及大半个中国，对中国农村建设和发展产生了深刻的影响。当前，我们重新研究民国时期的著名乡村建设流派的思想与实践，不仅可以为当前我国乡村振兴战略实施期间所面临的现实问题解决提供现实参考，而且其所遗留的丰富精神文化遗产有利于指导乡村振兴事业。

社会学者梁漱溟提出"救济乡村"的目标，具体做法为先组织乡村，其次改善乡村政治，最后建设乡村。教育家晏阳初认为"乡村的建设代表了整个中国社会的制度结构，应从文化、教育、农业、经济、自卫等方面进行建设"。但由于当时的时代背景制约，使得这些文化思想仅停留在理论层面，而少有实践成功之案例。虽然民国时期未有较好的乡村建设上的实质进展，但是这个时期所提出的乡村建设理论仍对以后的乡村建设提供了启示意义。

民国时期作为中国近代建筑史上的一个重要时期，是中国建筑从古建筑到现代建筑风格过渡的一个时期。民国建筑具有其自己的特点和特殊性，中国的第一批建筑师做出了巨大的贡献。他们不甘模仿外国建筑师的表演，努力探索中国建筑的民族形式，为中国建筑的前途谋求出路。在现代主义和后现代主义建筑国际化的今天，千篇一律的城市风貌正需要民族文化的注入，新一代的建筑师也应该学习发扬第一代建筑师的探索精神，让民族文化和现代建筑更好地融合到一起。

三、新中国成立初期的乡村建筑

19世纪50年代到80年代的乡村建设是中国共产党统一指挥下的社会主义改造的重要组成部分，建立了人民公社制度，打破了数千年的封建制度下的小农经济形态，相对地提高了乡村的生产力。这一时期的乡村建设虽然是国家层面的大力执行，但是由于社会经济问题而导致乡村建设只停留在制度、文化、生活领域的改变，而对乡村文化建筑没有较大的建设，乡村建筑遭受了一定的破坏，乡村的宗庙、祠堂、戏台、牌坊等传统乡村代表建筑也受到影响。

中国共产党在民主革命时期就积累了合作社经济发展的经验。新中国成立后，合作事业在全国各省市全面展开。其中，上海供销合作社的发展呈现出自己独有的区域性。在革命战争年代，由于没有革命根据地及相关老解放区试办合作社的经验，新中国成立后的上海，通过接管、整顿和改造国民党政府的旧上海市合作社，建立了新中国的上海市供销合作总社。上海市供销合作社是新中国成立后最典型的合作事业单位，意味着新中国成立后制度的转变。

由于制度的转变，这一时期的乡村建筑也随之改变，主要包括乡村供销社、人民剧院、人民广场以及露天电影院等。这些建筑可以更好地助力乡村振兴，一方面可以促进经济的发展，为农民群众增收；另一方面可以打造人民群众活动的平台，让人民群众获得利益。

以乡村供销社为例，乡村供销社的兴起促进了农村经济的发展，促进了农民收入的增长，助力了乡村振兴。20世纪50年代初期，通过自上而下的大力宣传以及自下而上的社员入股，供销合作社及其他各种类型的合作社在基层各地纷纷建立，它们成为贯通全国的网络体系，在国家工业化与城乡经济发展中发挥重要作用。1954年，全国基层合作社已发展到约3万个，共组成2000多个县联合社，供销合作社社员数达1.55亿。与此同时，党还在城市和中心市镇设立了国营贸易公司。到1955年，合作社和国有公司一起至少掌握了农村市场零售业的半数。供销合作社得以巩固和发展依赖于更大的时代背景。1953年中共中央公布了过渡时期总路线，包括两方面内容：一是逐步实现社会主义工业化，这是总路线的主体；二是逐步实现对农业、手工业和资本主义工商业的社会主义改造。其中，对农业的社会主义改造经历了互助组、初级社、高级社3个阶段后基本完成，全国加入合作社的农户达96.3%。农业的集体化改造为供销的垄断性提供了物质基础，商业不再是个人与个人或集体之间的对接，而是集体与集体之间的对接，生产大队在很大程度上确保了供销合作社的"供"与"销"。这样，国家试图用统一计划来代替自由市场机制，切断农民经济与市场的联系。有学者因之将供销社称为国有商业体系在农村流通领域的延伸。

四、新农村建设时期的乡村建筑

2005年10月，中国共产党第十六届中央委员会第五次全体会议正式提出"建设社会主义新农村"的相关政策，我国乡村建设开始步入多元探索的发展阶段，以生产发展、生活宽裕、乡风文明、村容整洁、管理民主为建设内涵推动乡村发展。从政府到村民，从社会媒体到高校学者，都尝试通过各种途径参与到乡村建设的过程当中。

随着我国农业现代化转型困难问题的突出，2008年10月党的十七届三中全会通过了《中共中央关于推进农村改革发展若干重大问题的决定》，在2012年11月党的第十八次全国代表大会上以及2013—2017年连续五年的中央一号文件上都强调了美丽乡村建设的问题。美丽乡村建设内涵：注重生产能力提升，实现产业美；注重生态环境改善，实现环境美；注重生活方便、舒适，实现生活美；注重生命美丽精彩，实现人文美；注重生产关系变革，实现和谐美；注重科学规划引导，实现建设美。越来越多的建筑师、规划师、艺术家以及社会热心人士，积极投身到美丽乡村的建设中。随着我国经济由高速增长阶段转向高质量发展阶段，农业农村发展到了新阶段，有了新任务和新要求。2017年，党的第十九次全国人民代表大会正式提出实施乡村振兴战略，战略围绕"产业兴旺、生态宜居、乡风文明、治理有效、生活富裕"展开。把"乡村振兴"作为一个"战略"提出来，这有别于以往任何一个农业农村发展政策，它所展现出来的是一个宏观的、系统的、综合性的、全局性的发展方略。国家相继出台的重大的政策都是基于当今新时代的大环境，是对新农业新农村建设的延续、超越与升华，体现了农业农村发展到新阶段的必然要求。当下的乡村振兴探索已上升到国家战略层面，涉及政治、文化、经济等各个方面，乡村建设的参与群体也更加广泛。国家所制定的相关政策为最终实现乡村振兴、城乡统筹发展提供了强有力的背景支持。

近年来，我国政府越来越重视乡村建设，对乡村的政策实施不断强化、资金投入不断增长，使得当代的乡村建设规模空前巨大。乡村建筑总投资自2013年起平均每年超过8000亿元（不包含乡镇建设投资），2019年投资额超过1万亿元，并且每年保持相当高的增长速度。

国家开始提出新农村建设的举措，使得乡村建设的投入开始逐年增加。同时出台了许多乡村建设规范，如《中华人民共和国城乡规划法》《乡村公共服务设施规划标准》《美丽乡村建设指南》《乡村振兴战略规划（2018—2022）》等。这一时期的乡村建设开始蓬勃发展，2015年开始越来越多的建筑师进入乡村建设领域，积极投入乡村振兴的浪潮，如碧山计划、莫干山乡村改造、松阳实践等。

这一时期的乡村建设参与者也从政府为主导转变为社会、个人与政府共同参与的多元参与主体，充分调动了乡村建设中各种力量的积极性，由此乡村建设也跨入了一个新的发展阶段。但是由于建筑师多以个人角色参与乡村建设，研究层面也主要局限于乡村建筑单体，缺乏乡村建设的较为科学合理的实践方法，致使部分乡村建筑未能满足村民的实际需求与得到乡村社会的认同。这一时期的乡村建设参与主体多样性使得乡村建筑存在多方的利益与价值诉求，使得当代的乡村建筑类型也变得更加多样化，具体包括乡村博物馆、纪念馆、乡村客厅、乡村剧场、乡村礼堂、乡村文化站、图书室、活动室、乡村学堂、茶艺馆、工艺作坊等。

以上内容简单介绍了封建社会时期、民国时期、新中国成立初期、新农村建设时期的乡村建筑情况。乡村建筑是随着社会的发展而发展的，要进行乡村建筑设计研究必须了解乡村建筑的发展历程。乡村建筑的发展历程与乡村文化的转变有着密不可分的关联。乡村社会逐渐从封闭向着公众参与、集体建设模式转变，可以看出，当代对于乡村的建设不仅是公共文化生活物质空间建设这一单一层面的改变，而且是解决乡村社会问题、实现乡村振兴的必要环节，这也是我国当代乡村建筑设计研究中必须考虑的社会背景因素。

第二节　乡村振兴视角下乡村建筑设计存在的问题

一、乡村建筑设计文化缺失

乡村文化也可称为民间文化，具有强大的生命力。虽然人们对于民间文化持有不同的态度，有的人认为民间文化低俗缺乏文化底蕴，有的人则认为民间文化是中华传统文化产生的基础，具有深厚的文化积淀。无论人们怎么看待民间文化，它都是民间流传下来的文化习俗，代表着民间的文化特征，是村民文化的最直接体现。通过文艺表演的形式对民间文化进行宣传与再现，对于村民来说是文化生活中最重要的形式。

当代的乡村文化建筑中的戏台、乡村剧场、文化礼堂及音乐厅等建筑都是承载着文艺展演的新型文化建筑。文艺展演需求的空间建设深刻影响着村民的文化活动内容，在具体建设过程中，需要对乡村实际环境中的现有文化展演设施进行调查评估，可以通过改建与新建的方式为村民提供表演和展示的设施场所，以满足当下村民的需求。乡村振兴视角下的乡村建筑设计要以乡村文化为出发点，秉承"战略服从文化"的原则进行乡村建筑设计。

当代部分乡村建筑只顾向前发展，却忘记了自己曾经的辉煌，失去了乡村建筑的地域性和文化性，造成了当代乡村建筑的千篇一律。这种失去表现为对优良传统文化的丢弃和对现代文明的盲目推崇。传统的乡村建筑以院落为中心，以房屋为围护，院落精神其实是乡村建筑的核心。而当代乡村建筑，有的彻底摒弃了院落；有的虽然有院落，却与院墙只是简单的互补关系，建筑并没有因围合的院墙而产生韵味和美感。

任何乡村建筑设计都不能脱离优良的传统文化，脱离了优良的传统文化，只追求现代文明的建筑设计行为，只会增加乡村建筑的违和感，不会产生高质量的乡村建筑。乡村建筑文化的缺失不仅会导致乡村建筑缺乏创新性、文化性，而且会导致乡村建筑缺乏时代性。所以，针对乡村建筑文化缺失的问题，建筑师要寻找具有强大生命力的乡村建筑文化，并把优良传统文化运用到乡村建筑设计中去，将优良传统文化和现代文明相结合，打造出既具有优良传统文化气息又不脱离时代的乡村建筑，这样才能为村民提供更好的乡村建筑。

二、乡村建筑设计脱离传统建筑理念

当代乡村面临着青壮年劳动力输出的现象，这导致乡村人口大量减少，不少农宅因此也闲置了。剩下很多老年人居住在村里，他们对自己住的地方熟悉了、习惯了，不想跟随儿女到城市中去，只想住在自己的家中；也有很多老年人不得已来到城市，给儿女帮忙，也造成了农宅的闲置。与此同时，部分农民利用外出务工的收入回村建设新宅，选址大多在村庄外围交通便捷的地方，旧宅荒废于原地。两者结合，使得乡村聚落越发空旷。在新旧建筑交替之际，老旧建筑没有得到合理的处置，出现了大量的"空心村"，大量的农田土地在这无规划的建造过程中遭到破坏，住宅使用周期较短也造成了资金的浪费。其实，村民可以对旧建筑进行改造，既节约、保护了土地，又可以节省资金，还能将旧建筑和新建筑的优点结合起来。建筑师在乡村建筑设计过程中可以和村民交流新旧建筑方面的知识，让村民认识到旧建筑的价值，也认识到保护资源、节约资金的重要性，这样设计师在设计中就会将新旧建筑的建筑理念结合起来，不会脱离传统建筑设计理念。

大量新建住宅占用了大量的土地面积，会导致土地不合理的利用。原本狭小的道路变得更加拥挤，严重地影响了农村交通的发展。交通是重要的公共基础设施，一旦出现问题，农村的很多农产品都无法运输出去，所需的资源也很难进入农村，给农村的管理带来了相应的问题，也会导致信息堵塞，农村就会更加落后。交通问题是很重要的一个问题，村民在进行乡村建筑设计时要考虑这个问题，如果乡村建筑设计影响交通，那就不是合格的乡村建筑，是对土地和交通的严重破坏。

三、乡村建筑设计改造方式有误

在乡村建筑改造的过程中，一方面，村民越来越趋向于建造西式洋房，将原有传统建筑推倒重建，使得传统建筑文化也随之消失；另一方面，部分地区政府带领村民重建乡村，却一味照搬模仿其他村落，没有着重考虑自己乡村的自然环境、地形地貌及人文文化，导致很多村落出现"千村一面"的景象。每个村落有每个村落的特色，建筑师在进行乡村建筑设计时，应当把村落的特色考虑进去。这种"千村一面"的改造方式是极其错误的，建筑师、村民、政府都应该改变改造方式，保留村落原有传统建筑文化，体现村落的独特性。

建筑师在乡村建筑设计中应当采用现代建造技术加强传统建筑的稳定性，完善建筑使用空间，带给村民现代化的生活方式，也带动乡村地区更好地发展。在运用现代化技术的过程中，不能丢掉传统建筑自带的文化精髓，也不能丢掉村落的特色，这样才能保证在乡村建筑改造的过程中，将传统建筑的优势和现代建造技术的先进结合起来，形成独具特色的乡村建筑。

对于大多数村民来说，改造经费问题是制约传统建筑改造的最大问题。村民的资金有限，不会去改造传统建筑。随着时间的推移，大部分乡村传统建筑都多多少少地遭到破坏，有了修缮的需求。假如没有大量资金的支持，就只能靠农民自己来进行建筑的修缮。然而，在大部分农村地区，资金充足时，人们更倾向于对住房进行翻新；资金不足时，更不会留下修缮空置老房的预算。所以，经济问题不解决，保护乡村传统建筑的工作就无法进行，乡村建筑设计就很容易脱离传统建筑理念。

四、乡村建筑设计形式、色彩缺乏美感

从我们童年生活的乡村到后来我们去过的一些特色自然村、古街老巷子来看，曾经的村庄都是具有当地文化和地域风貌特色的聚落空间。以往的乡村民居错落有致，依着周围的树林、农田、水塘而建，画面甚是引人入胜。而如今，大量砖混结构的楼房严重破坏了这种和谐的画面，家家户户千篇一律，差异微乎其微。随着社会的进步，在乡村建筑建造上，只通过村民之间相互模仿、随意搭建、盲目攀比，没有任何专业性的指导规划，其结果往往是不节能、不节地、不适用、不美观、不经济，建筑形式上没有一点美感和新意，和以往的乡村民居简直是天壤之别。不仅在建筑形式上，在建筑色彩上，当今的建筑和传统建筑也不可同日而语。建筑色彩是建筑设计中的重要语言和因素，也同样是构成乡村建筑体系的重要因素，能直接影响人们的视觉感受。有序的建筑色彩搭配能够使乡村富有个性的魅力；建筑色彩不协调，则会使人们产生视觉疲劳，给乡村建筑的整体形象造成损害。

目前，一些乡村建筑缺乏专业指导和整体规划，农民随意搭建，建筑色彩杂乱无章，从各种角度看都与四周环境难以融合，在视觉上污染了乡村建筑大环境。并且，有些建筑色彩盲目模仿现象严重，没有与当地的乡村形象实现对接，忽视了当地特有的地域文化，与乡村环境色彩搭配不协调。

改革开放推动了农村进一步的发展，农村经济水平也得到了提高，很多先富起来的农民开始建造属于自己的住宅，但是受思想意识限制，加上盲目的攀比，

建造的住宅毫无美观可言，缺乏实用性，缺乏美感的形式和色彩导致设计脱离传统建筑理念。

五、乡村建筑设计缺乏科学规划

乡村建筑设计中存在的另外一个问题是设计缺乏科学规划，最具代表性的是旅游建筑方面。如今，乡村旅游业快速发展，旅游开发促进了很多新建筑的产生，乡村旅游建筑逐渐成为当代乡村建筑设计的重要组成部分。乡村旅游建筑设计不仅需要满足当地居民的日常生活，还要为前来游玩的旅客提供优质的体验。目前，乡村旅游建筑设计也存在着一些问题。

首先，面对旅游业的快速发展，乡村旅游建筑不断涌现，但很多建筑仅是居民盲目建房，缺乏科学规划。随着技术和手段的成熟，对于建设中的自然障碍已经可以很好地克服了，但乡村建筑的规划思想很难跟上，导致了建房的盲目性，使得村落空间格局和建筑风貌处于混乱状态。盲目建房的后果就是房子多了，但是没有保持乡村建筑的风格，更没有达到最初建造乡村旅游建筑的目的。建造乡村旅游建筑的目的是让游客了解当地的风土人情和文化习俗。如果乡村旅游建筑和别的地方一样，那么游客去哪里旅游都一样了。乡村旅游建筑设计的思想落后，乡村旅游业也不会有很大程度的发展。

其次，随着城市化和现代化的推进，乡村旅游建筑的乡土性被淡化，很多乡村建筑中混入了不适宜的现代化色彩，新建筑与传统建筑形成强烈反差，造成乡村建筑与环境的不协调，也破坏了乡村的整体风貌。这是一种违和的现代和传统的融合，就像人们经常说的"四不像"。在运用得当的情况下，现代建筑某些特色的运用会给传统建筑增添一些吸引力；如果运用不得当，将现代建筑的某些方面强加到传统建筑中，那给人的就是一种奇怪的感觉，既失去了现代建筑的城市化，又失去了传统建筑的文化性。现在，很多人喜欢到乡土气息浓厚的地方旅游，很大的原因是那些地方的建筑具有乡土气息，能让人受到传统文化的洗礼。倘若不适当地加入现代建筑的元素，造成强烈的违和感，游客感受不到乡土气息，就不会到乡村旅游，也不利于乡村旅游业的发展。

最后，乡村建筑周围环境的管理问题也影响了乡村建筑的整体风貌。乡村生产生活方式的观念还没有及时转变，很多人任意开拓乡村建筑周围的空间，种植蔬菜，饲养家禽，使一些新建的旅游建筑及其周围的环境氛围遭到破坏。村民种植蔬菜、饲养家禽的行为源于农村的生活习惯，很多村民还会在住宅附近的空地上建造杂货屋或者堆砌杂物。多数村民不服管，认为住宅附近的空地就属于自己，可以随意利用，完全以方便个人为主。殊不知，就是这种想法和行为破坏了乡村建筑的风貌。如果村民能够及时意识到并改正这些不恰当的行为，乡村建筑会以一个全新的面貌出现在游客眼前，游客对乡村建筑的印象便会是美轮美奂、古色古香的。但是，生产生活方式观念的改变不是一时的，需要村民充分认识到自己的行为对乡村建筑的影响，每个村民都应当为乡村的旅游事业出力，改变传统观念中的坏习惯，不随意利用住宅周围的空地，以乡村建筑为先，这样才能促进乡村旅游业的健康蓬勃发展。

综上，面对现代乡村在传统建筑保护和改造方面的种种问题，我们还有很长的一段路要走，如何提高村民保护传统建筑的意识，如何将现代化的设计与传统乡村建筑进行结合，在提供给村民基本的生活保障的同时还能为乡村带来经济振兴，建筑设计师都要从长久性的发展角度来审视和思考。随着城市化的不断推进，现代城市化理念不断地涌入乡村，集体式居民楼建筑在乡村出现，使传统特色乡村建筑的存在受到威胁。很多农村地区对乡村传统建筑及古建筑的保护情况并不乐观。随着经济的发展，很多的乡村传统建筑面临着损坏和拆除的困境，这导致乡村特色也在慢慢消失。

第三节　乡村振兴视角下乡村建筑设计的发展趋势

在乡村城镇化不断发展的过程中，乡村居民的居住环境也在朝着城市化的方向发展，这就使得乡村原本的传统聚居式生活遭到了破坏，人们的生活环境也不断地向工业化和社区化方向发展，虽然生活方式更加井然有序，但乡村居民再也无法回到自然状态。

在美丽乡村建设过程中，对于传统乡村建筑进行了大量拆除，并被现代化新式建筑所替代。特别是一些具有悠久历史文化的古村古宅，是我国几千年历史文化的沉淀，也是我国历史建筑的瑰宝，但在乡村建设过程中遭到了拆除，这对于我国的历史遗迹来说是致命的破坏。对于一些因为时间年限过长而无法居住的传统住宅，无论是住宅本身的建筑工艺，还是其内部的室内设计，都不具备一定的研究和保存的意义，这样的建筑拆除之后没有太大的影响。但有一些传统建筑不但有着悠久的历史渊源，而且本身带有浓重的地域文化色彩，同时其装修工艺也非常精湛，对于这样的建筑只要稍微休整即可。

现在，很多乡村传统建筑遭受了拆除和破坏，而许多新修建的建筑主要追求外形的模仿，对于内在的传统文化内涵无法真正地继承和传承下去。所以，如果在现代化的美丽乡村建筑建设过程中采用这些缺乏传统文化内涵的仿古建筑来代替原有的历史遗迹建筑，那么这样的传承实质上也代表着传统建筑的消失。

由于城镇化和现代化的冲击，中国的乡村在生活方式、文化价值、生态环境等诸多方面发生着翻天覆地的变化。从发展的角度来看，乡村近些年发生的改变具有历史必然性，但是问题在于由于发展过快，这场改变中也存在着一些问题。从乡村建筑方面来说，新的建筑形式多是现代元素的简单堆砌，传统的地域特色逐渐削减，与此同时，盲目的加速建设也日益加重了资源浪费、环境污染等问题。然而，解决这些问题不能简单地从技术层面入手，而是要结合乡村的经济、文化、生态环境等多方面、多角度、多层次地进行。单从文化的角度来说，发展不是简单的趋于保护传统乡土，抑或是全盘否定而重建。乡土与乡村其本身也是两个既关联又相互差异的个体。乡土建筑不是陈旧的应该被取代的东西，相反，曾经的传统乡土民居的建造技术与可持续的精神是异常珍贵的财富，是传承地域文化、营造地方认同感的有利参考。当代乡村建筑的发展应该是结合传统、立足当下，两者契合才是真正的可持续发展。

我国乡村建筑现实状况非常复杂，如果想要在短期内解决这些问题非常困难，因此，未来对于乡村建筑的规划和设计任重道远。

首先，在我国乡村建筑发展过程中，政府起到了非常重要的作用，无论是政府乡村建筑建设的投资、乡村建筑的规划和设计，还是乡村建筑的创新发展及传承，都离不开政府的引导和支持。

其次，中华民族经历了几千年的发展，是一个多民族、多文化的国家，我国文化博大精深，传统建筑文化也是多年来的沉淀和积累。所以，未来乡村建筑在设计过程中一定要融入该地域的文化特色，让传统建筑文化在创新中得到继承和发展。

最后，政府应当加强乡村居民的文化教育及相关知识的宣传，这样才能够引起乡村居民对于乡村建筑的保护意识，让乡村居民更好地认识乡村建筑的价值。同时，政府也应当引进专业的建筑设计师深入了解不同区域的乡村建筑文化，加强和村民之间的沟通与交流，让未来乡村建筑更加适合村民的生活需求。

一、体现乡村振兴视角下建筑设计的实用性

随着乡村生活环境的不断改善，乡村家庭生活也迎来了很大的变化，很多农民朋友选择外出务工，外部经济环境发生了很大的变化，人们的居住理念不断得

到改善。在建筑设计的过程中，越来越重视建筑的内在功能设计，促进了乡村振兴，这也是时代发展的必然要求。老房子扩建、改建的情况越来越多，建设设计中包含的元素越来越多，很好地满足了人们生活的需要。只有认真做好了建筑的翻新改造工作，才能为乡村居民创造更多的价值，打下良好的物质基础。在建筑功能的设计上，应该与传统乡村建筑功能结合起来，为历史的住居提供更加现代化的服务，体现居民和谐发展的基本要求。

二、体现乡村振兴视角下建筑设计的整体性

未来的可持续的乡村建筑设计是乡村整体经济、文化、社会等多方面问题的体现。在设计乡村单体建筑时不能仅仅考虑其本身，还要联系其他因素综合考虑。以建筑来说，在进行乡村建筑设计时，如果抛开其他因素，很容易陷入建筑师的自我意识。按此完成的建筑也许是一个优秀的建筑单体，但它对于乡村本身意义不大，因为它脱离了乡村生活。而且在乡村建设方面，基本上是没有专业的人员参与的，特别是乡村建筑的建造，大都是在模仿城市或者由乡村泥瓦工简单操作，很少考虑建筑以外的环境问题，更不用说与建筑相关的上下经济产业问题。而考虑解决这些问题才是建筑师真正的职责所在，充分挖掘乡村现有特色，不是简单地建造文化烂尾楼，而是尽可能地考虑和建筑相关的一些社会问题，充分激发乡村的活力，这样才能促进乡村的发展。振兴乡村设计需要模糊性，正如设计师的身份一样可以在变化中保持联系，没有完全的界限，只要一切符合逻辑、可持续、以改善乡村生活为目的的设计都在乡村设计的范畴内。在乡村建筑设计的过程中，单体和其他因素同样重要，都应该体现出来，表现出建筑设计的完整性，才能把建筑单体和其他因素同时体现在建筑中，才能体现乡村建筑的本色。在现代社会中，有人认为科学和技术能让人脱离对场所的依赖，其实不然。比如，现代旅游业证明对不同地域景观的体验是人们主要的兴趣之一，污染和环境危机让场所问题重新得到重视。乡村建筑的合理规划也是这样，建筑设计不能莽撞，不能以牺牲环境为代价，否则终将破坏自然生态，打破人类对场所的依赖，违背可持续发展的目标。乡村建筑在建造时应该与乡村原本的自然景观融为一体，形成固有的场所，才能体现独属于乡村的场所精神，才能体现建筑的完整性。

三、体现乡村振兴视角下建筑设计的美观性

建筑不是一个抽象的产物，不同地区具有不同的建筑形式，它的形成会受到地区的自然环境、地形条件和地区文化等影响。我们经常用马头墙和粉墙黛瓦来

形容徽派民居，用宏伟壮观来形容皇室宫殿……不同的地域文化会形成不同的建筑形式和特征，从而形成不同的场所精神。地域特点是每个场所的重要体现，是对场所形成认同感的重要条件。乡村建设中，地域特色和人文情怀是建造目的之一。不管距离故乡多远，家乡的田野景色都是我们内心深处的呼唤，是最美的乡愁。而建筑是人文环境的重要载体之一。在体现建筑的艺术感与美感的同时，建筑师在设计时，结合人类聚居的社会文化因素，根据乡村特有的自然环境与建筑文化，充分地考虑建筑本身所传递的情感，考虑场所精神所传递的记忆元素，如建筑的形式。建造材料、质感和色彩都是表达人文情感的有力载体，是乡村人文情感的呼应。建造材料、质感和色彩的结合体现了建筑设计的美观性，建筑设计的美观性是建筑应该体现出来的，每个人都喜欢美，每个人都追求美，在建筑方面也是追求美感的，不论是形式还是情感，都可以通过建筑传递到人们眼前。当一个具体的颇具美感的建筑出现在人们面前的时候，那绝对是一种视觉享受；当一个融合了故乡特色的建筑出现在人们面前的时候，对人们的心理是一种冲击；当一个结合了当地的环境和文化的建筑出现在人们面前的时候，人们就可以通过建筑切身感受到当地的风土人情和文化气息。可见，建筑设计的美观性是十分重要的一个方面，具有美观性又融合了当地乡村特色文化的建筑，是乡村建筑设计中成功的建筑设计，能促进乡村振兴视角下乡村建筑设计的发展。

乡村振兴视角下乡村建筑设计中要体现实用性、整体性、美观性，既融入传统文化中的当地乡村建筑元素，也能跟上时代发展的步伐，集实用性、整体性和美观性于一体的建筑设计才是未来建筑设计的发展方向。

第四章　乡村振兴视角下乡村建筑设计过程

建筑设计过程作为影响建筑方案效果的因素之一，一直受到学术界的关注，主要包括设计过程中建筑师主体的思考、建筑师与业主等人物的社会关系、建筑设计的各项问题要素、对设计过程进行分段研究等内容。本章分为设计过程的阶段划分、调研阶段、目标策划阶段、全过程设计阶段、建造与运营阶段五部分，主要包括调研的方法、调研阶段的公众参与、目标策划阶段设计流程、目标策划阶段的公众参与、规划咨询阶段、施工阶段、建造与运营阶段的基础、建造与运营阶段的公众参与等内容。

第一节　设计过程的阶段划分

我国现行的《建筑工程设计文件编制深度规定》（2016 年版）总则中提到，建筑工程一般应分为方案设计、初步设计和施工图设计 3 个阶段：对于技术要求相对简单的民用建筑工程，当有关主管部门在初步设计阶段没有审查要求，且合同中没有做初步设计的约定时，可在方案设计审批后直接进入施工图阶段。

国内外相关研究学者也对建筑设计的过程进行了阶段划分，如窦德瑕在《建筑设计过程中的结构化方法》一文中将建筑设计过程结构化，认为设计目标就像引力场，将设计过程从初始条件引向自身，设计起始条件和设计目标之间为设计过程，并呈现树形结构和图形结构等层次。而当探讨建筑设计过程时，研究者通常将设计过程进行分段，不同的建筑师常常根据自身的实践和研究进行分析，因此并无标准统一的设计阶段划分。王宇洁在《纸面上的世界——建筑设计过程中的图示表达》一文中关注建筑设计过程中的图示表达，讨论了建筑师的创作思维与建筑设计以及图示表达三者之间的关系。他将建筑设计过程分为 3 个阶段：资料收集与设计问题分析、初步构思与综合分析和进一步形成方案、对设计方案加以验证与评价。陈建军在《建筑设计过程与设计质量保证体系》一文中探讨了建筑设计过程与设计质量保证体系的关系，并将设计过程分为方案设计、初步设计、施工图设计 3 个阶段。田利在《建筑设计基本过程研究》一文中总结国内外的相关研究，将建筑设计分为 7 个阶段：设计前期工作阶段、方案设计阶段、初步设计阶段、技术设计阶段、施工图设计阶段、施工技术指导和管理阶段、使用后评估阶段。从多位学者的分类中我们对建筑设计过程的各个阶段有了大致的了解。

当下的乡村建筑设计不单指方案的设计，它包括从目标策划到运营的全过程。根据一般经验，将乡村建筑设计过程分为 4 个阶段：目标策划阶段、调研阶段、方案设计阶段、建造与运营阶段。目标策划阶段是指相关组织或个人开始策划村庄的发展目标、方案，寻找合作单位，直到达成项目合同的过程；调研阶段是指设计单位正式接受任务，展开资料收集、乡村调研，直到总结出主要问题和方案思路的过程；方案设计阶段是指初步方案开始形成，接受审查和反馈，直至最终方案形成的过程；建造与运营阶段是指方案施工图完成，实地施工建造再到后期村民使用管护的过程。

设计过程的各个阶段都是需要公众参与的，在乡村环境下其建设要求较为复杂，有特殊性，每种要求的最终目标都是满足其主体即村民的需求，但当下的乡村建设存在较为普遍的供需错位现象，因此乡村的主体——村民的参与对乡村发展有着极为重要的意义。目标策划阶段，公众需要知情权，及时知道政府的政策和上位规划，宣传的方式需要因地制宜，有的村适合用报纸、广播宣传，而有的村适合用微信沟通。公众需要对策划提出有效途径，并且能得到反馈，公众参与的主体意识是需要培养的。调研阶段，公众需要话语权，提出要求以保障自身利益，参与过程之中需要专业人士指引和答疑，沟通人员的语言和用词能确保公众和专业人士互相听得懂。方案设计阶段，公众需要部分决策权，以左右关乎切身利益的决策，在此期间可以随时和设计师互通消息，参与汇报或听审时才能看得懂设计方案。建造与运营阶段，公众需要使用权，公众通过享用才能知道建设的成果好不好，才能反馈出有用的信息，公众前期的努力可以在此阶段得到回报。

第二节　调研阶段

一、调研的方法

调研阶段对于乡村建筑设计过程是极其重要的，通过前期的调研阶段，可以了解乡村建筑的风格；前期的调研阶段可以与村民及工匠交流；通过前期的调研，可以更清晰地知道设计的目的和设计宗旨。与城市建设不同，乡村建设的可塑性很大，乡村设计有地域和人群的限定，是针对特定乡村地区、特定乡村人群的设计。因此，在进行乡村建筑设计时，前期调研就显得尤为重要。

（一）向乡村学习

这里的向乡村学习，不仅指的是学习当地优秀的建筑形式，吸取地域特色建筑本身的趣味性以及其建筑本质质感的表达形式，凝聚其精髓的内在文化，而且包括向乡村的工匠学习。乡村建筑设计主要依靠人工，材料的在地性也非常强。在这样的情况下，设计师专业知识的可用性就不是很强了，经验丰富的乡村建筑工人就会有很多建造智慧，应该向工匠学习，共同建造好乡村建筑。

（二）走进乡村，热爱乡村

在城市设计中，建筑师是社会的精英角色，尤其是一些明星建筑师，他们的意识对建筑起着确定性的意义，正如古罗马建筑师维特鲁威（Vitruvius）认为的那样"上帝是世界的建筑师，而建筑师则是仅次于上帝的神"。为乡村设计建筑的建筑师，即使仅仅设计乡村建筑，都不应该被称为建筑师，更贴切的称呼应该是引导者。这首先来自城乡建设目的的差异性，村民要求的不是一个炫酷的建筑，只是一处温馨的家。因此，设计师在乡村建设中的专业性要求就不是很强，如郝堂村的设计，其设计师孙君只是一名画家。在乡村建设中更多的应该是具有责任心和对社会的认知，做乡村建筑就应该走进乡村，了解农民的思想意识，甚至了解乡村的经济和社会问题。用一个词概括就是热爱，只有真正热爱乡村这片土地，我们才会知道它需要什么。在日本有很多改造非常成功的乡村社区，设计师都只是生活在当地的村民，如北海道。有时，建筑师按照自己的意愿构建的建筑和生活不一定是村民喜欢的、适用的。建筑师在乡村建筑设计中应该具有的作用和责任是引导。可以结合传统的文化概念和现代设计理念，最大化呈现建筑隐性的职能，如经济效益、文化效益等。

总之，乡村建筑设计还处于试验性的阶段，需要建筑师的探索与学习，不同地域不同对待，是设计的宗旨。很多建筑师觉得这个阶段不重要，自己的专业知识才是最重要的，这种想法其实是错误的。做任何事情之前都要先做好调研，了解清楚当地的风土人情和当地居民的建筑需求，这才是设计的精髓所在。如果调研阶段做不好，那后面的阶段多做多少工作都无法弥补调研阶段的失误，整个设计工作可能就会做很多无用功，达不到建筑设计的最终目的。所以，每个乡村建筑师都应该重视前期调研阶段，把前期调研工作做到极致，就能节省后面阶段的时间，后面阶段的工作也做得更有意义。就如同"磨刀不误砍柴工"一样，前期调研工作的确是一项花费时间长的工作，但是花费的时间是值得的，是为后期工作做的准备和铺垫。

二、调研阶段的公众参与

（一）各方价值倾向与目标

1.公众

从调研过程中得知，并不是所有村民都愿意接受访谈和问卷调查；部分村民甚至对问卷内容不如实填写，主要原因是他们对调查人员不信任，认为民意调查只是走个形式，不会真的按照村民的意愿来；但绝大部分村民还是积极配合，借助面谈的机会表达需求。不管是改造类还是重建类，公众主要倾向于对安全、生活便捷、生产便捷、空间富裕、造价低等具体问题提出要求，对形式主义、花冤枉钱的项目望而却步。积极配合的村民希望通过问卷调查表达自己的想法，希望自己的乡村能更快更好地发展，自己的乡村也能建造出符合需求的乡村建筑。他们认为如果不如实填写，政府就无法了解自己的想法，自己对于乡村的希望就肯定实现不了。

2.乡镇部门

乡镇部门领导一般将民意调查的工作交付于建筑师，为促进建筑师和村民的交流采取一系列配合措施，让公众尽量多表达诉求，以避免后期工作的反复。同时，乡镇部门领导也向建筑师表达上位规划和期望，往往呈现出较强的上位者特征，希望能在较短的周期内获得较好的建设水平。乡镇部门领导扮演的是中间人的角色，连接着村民、建筑师、上级政府部门三方，可谓非常关键的角色。任何一方有问题都需要乡镇部门来协调，所以乡镇部门要处理好村民、建筑师、上级政府部门的关系，把各方的需求和要求都传达到位，出现矛盾了要解决好，这样才能达到调研阶段的效果。

3.建筑师

一部分建筑师以专业素养判断的结果就是不断在村民诉求和政府愿景之间做平衡，认为专业规划者应将乡镇领导的决策思路向"以村民为中心"进行引导，空间改造是次要的，重要的还是要去思考能够承载居民的哪些生活，能够为乡村的文化、生活、产业带来哪些变化。规划建筑其实就是提供载体，在理解乡村内在需求和运行规律后有选择地做，所以当前投身乡村前线的建筑师所做的项目大多是公共性质的。而另一部分建筑师以项目合作者的身份介入，任务非常具体，常受制于项目经济来源，具体做些什么主要取决于甲方（村民个人或者乡镇相关部门）的单方面意见，其结果多见于当前大多数乡村的刷墙式改造。建筑师要多与村民交流，做一个勤于说话的建筑师，真正了解居民的需求，做到"以村民为中心"。

（二）公众参与的公平性和典型性

在项目的前期调研阶段，民意调查是公众参与到乡村建筑设计之中的关键环节。乡村项目涉及的利益相关人员往往比较广，所有村民参与其中显然不太现实，所以政府相关部门和建筑师常常采取问卷抽样调查、抽样访谈等方式来获取信息。一般以家庭为基本单元，每个家庭保证一位成员的参与，有利于体现公众参与的公平性。如某些乡村调研中的入户调查以家庭为单位展开，收集完整的数据和资料。有的建筑师为了深入了解村民诉求，会邀请所有村民参与座谈会，并发放调研问卷。

然而，不管是乡镇部门还是建筑师做民意调查，问卷和访谈往往带有一定的预设性，容易使结果流于表面。除了有形的邀请村民直接参与外，还可以采取无形参与的方式，即建筑师驻地观察，和公众生活在一起，发现公众具有典型性的一些活动和生活生产习惯，让公众在无意识中间接自由地表达诉求。如南京大学乡村振兴工作营的实践模式，让团队成员和村民生活在一起，用观察和交谈的方式进行研究。也有建筑师认为，乡村调研应该向社会学学者、人类学学者学习，学习他们的参与式观察的方式。问卷是一种很不利于了解乡村情况且带有很强引导性的方式，规划者想要了解的东西是固定方向的，是带有预设在里面的。参与式观察强调的是规划者和村民生活在一起，以一种聊天的方式获取深入了解的机会。这种公众代表的参与方式使得公众的典型问题得到充分重视，使得公众最关心的诉求和权益得到充分重视，参与的有效性得到提升。聊天的方式比较自然，可以从村民平常的聊天中了解到村民的想法，村民在无意识中就表达了自己的需求，是一种比调查问卷随意又准确的方式，值得乡镇部门领导和建筑师一试。

（三）建筑师的引导策略

调研阶段为使沟通顺畅，建筑师需要政府的适度协助。如调研任务量大时，申请当地志愿者协助；地方语言不通时，寻找热心的村干部协助翻译；座谈会靠政府协助将更容易组织起来。不管是谁出资，建设调研阶段都会将村民意见纳入考虑的重点范围。

应对公众不重视的态度，建筑师须将利益和责任明确转移到村民身上。建筑师在做拆除重建意见征询的时候，他们遇到的难题就是说服村民，因为这是村民的自建房，是需要村民自己集资的，所以更不能让设计师和政府说了算。最好的方法就是让村民认识到事情的严肃性，可以做一个按手印的表格，让绝大部分公众同意拆除重建，这样就会省去很多口舌。

应对村民意愿与政府发展计划出现冲突，建筑师可以充当政府与村民之间的"交流者"，甚至折中方案以求两全。如建筑师王冬在他的论文中提到：在云南孟连县富岩乡大曼糯佤族民族文化生态村规划设计中，他们遇到最大的问题就是村民和政府对项目开发目的和意愿存在差异。当地政府从全县发展旅游的角度出发，更多关注的是如何保留住佤族传统"茅草屋"的特征，村民则更多地希望通过该项目来改善自己的房屋状况和居住条件，更在意"茅草屋的更新改造"。面对村民意愿和政府要求相悖的情况，建筑师团队一方面将村民对改善住房条件的强烈愿望反馈到政府相关部门，并使这些部门意识到乡寨中每一幢民居的改造都与整个村寨整体保护改造项目的成败密切相关；另一方面，也将政府的整体计划和长远目标向村民进行说明和宣传，使村民认识到村落整体面貌改善与各家各户利益的辩证关系，并在规划建筑设计方案中通过"复合"等概念将政府和村民不同的要求做到有机结合。

建筑师的引导策略的作用是很大的，在村民和政府眼中，建筑师是建筑方面的专业人士，有建筑师的引导，政府和村民都更容易妥协，由建筑师出面实行折中战略，政府和村民都更能接受，达到调研成功的目的。

第三节　目标策划阶段

一、目标策划阶段设计流程

建筑策划的流程是指策划环节中每个阶段的工作内容制定，常用的建筑策划流程可分为四个步骤：目标设定、信息获取、目标构想以及目标评价。其中每个步骤都有其明确的目的，各个流程单元之间不仅是递进的关系，更存在逆向反馈，通过信息反馈，对上级步骤进行检验与修正。

（一）目标设定

对于当代乡村文化建筑策划而言，研究始于对项目目标的定位，而目标的定位源于项目业主，也就是当地村民。但是在某些条件下，业主、策划者、使用者与经营管理者对项目的目标定位并不一致，这时候就需要在众多需求目标中确定以及把握最核心的主体目标。

在目标设定之前，需要对当地的村民文化生活状况进行详细的调研与认识，分析已有文化建筑的类型及数量和乡村的实际使用人群数量，充分利用当地已有的文化资源和文化服务设施，以进一步明确村民所需要的文化功能，从而对文化建筑类型进行设定。根据项目的服务半径和使用人群，确定建筑的规模，满足使用人群的实际需求，在做建筑策划初期对项目进行明确的功能定位，并考虑到未来的发展状况。

目标设定是目标策划阶段很重要的一个环节，在做任何事情之前都要先设定目标，目标明确了才能为了实现目标而奋斗，寻找实现目标的方法，建筑设计中也是如此，在乡村振兴视角下的乡村建筑设计中的目标策划阶段，目标设定是非常关键的，通过目标设定可以确定建筑设计的细节和定位，能更好地为当地村民服务。

（二）信息获取

建筑策划对于信息获取主要源于外部条件与内部条件两个层面。外部条件信息主要包括项目的地域文化、周边环境、规划要求等。内部条件主要包括项目的使用人群、功能需求、社会价值等。

在当代乡村文化建筑策划中，外部条件主要是指乡村的地理气候、地域文化、人口构成、周边公共建筑现状、社会环境状况、当地经济技术条件以及乡村规划等政策内容。这些条件可依据客观程度分为文献资料与调研资料，档案、文献等已有制约信息属于文献资料，而调研资料是需要人员进行实地调研后所获取的资料，在与村民的实际沟通和乡村社会环境认知中得到调查结果。内部条件主要是指乡村环境中的活动主体的界定、行为方式、行为特征、村民需求、政府需求、功能需求以及建设条件等内容。对使用主体及使用行为内容和方式的界定是当代乡村文化建筑策划的重要内容。通过对信息的收集和整理，方便建筑师对乡村使用者的文化活动内容与活动方式、价值取向、功能定位和心理需求进行准确的判断。

对外部信息和内部信息的获取并不是独立存在的，仅仅依靠外部信息并不能完成对信息的全面收集和整理，仅仅依靠内部信息也并不能完成对信息的全面收集和整理。只有把内外部信息结合起来，才完成了信息的收集和整理，才能利用这些收集到的内外部信息，对乡村建筑的定位和村民的需求做出精准的分析，设计出符合村民需求的乡村建筑。

（三）目标构想

在获取信息之后，需要对信息进行分析整理，这个过程属于目标构想的前提。通过信息数据所得出的结论对目标进行构想，这个环节既是客观定义的过程，又包含了建筑设计师的主观设定。目标构想作为信息调查与建筑设计的中间环节，起到了承上启下的连接作用。

乡村环境中的目标构想不只是由策划师所决定的，更多的是取决于村民的公共参与机制，这也是由于乡村的特定环境所决定的。乡村建筑的策划构想除了目标构想之外，还包括场地构想、空间构想、技术构想与经济构想等环节。其中场地构想主要针对项目的选址、布局以及交通制定规划原则；空间构想是对空间内容、规模流线、功能配列等内部功能性空间的设定；技术构想是针对项目的结构与材料制定选取依据；经济构想是通过考察乡村项目的投资与运营，来对乡村进行构想验证。

起承上启下作用的环节一般都是比较关键的环节，目标构想环节就是把获取的信息进行分析加工之后构想出的目标，再将构想出的目标应用于建筑设计中。这个环节是集策划师的智慧和村民共同参与的智慧于一体的一个环节，策划师和村民都要予以重视，为后面的建筑设计环节打下坚实的基础。

（四）目标评价

当代乡村文化建筑设计过程的每个阶段都要进行评估，这是因为建筑师需要对当前工作内容进行反馈、修正，才能够继续下一个阶段的策划工作。其中在设计过程中有几个关键阶段需要进行系统的评价：首先是策划工作的结束阶段，然后是设计工作的每个阶段完成后，其次是建造工作结束后，再次是投入使用之前，最后是投入使用一段时间之后。目标评价也可以划分为三个层面的评价：建筑策划评价、设计方案评价与使用后评估。

1.建筑策划评价

策划评价首先需要对评价内容进行确定，其次是对策划的过程进行科学的评判，包括策划流程的科学性、合理性与严谨性，调研所获信息的准确性，策划内容定位的均衡性，策划结论是否满足使用人群或者业主的价值需求与利益诉求，策划所得的预算是否符合业主的投资估算，等等。如果某一阶段的策划结论不满足需求，则需要对上一级所做的策划操作再次进行调整，直到符合要求为止。

这是一个循环往复的过程，不可能一次就达到目的，建筑师在建筑策划的过程中要有耐心，对策划的内容和过程都要仔细评价，防止其中一个环节出错而影响其他的环节。建筑师在建筑策划的过程中不要怕麻烦，如果需要对上一级所做的策划进行多次修整，那就要不厌其烦地做这项工作，切勿因为懒惰省略某些工作，可能就是因为这些省略的工作就导致了目标评价不合格，进而导致整个建筑设计满足不了居民的需求和心理预期。

2.设计方案评价

设计方案评价是指对建筑方案在设计过程中起到多大的指导作用的评判。具体评价标准内容包括：设计方案是否符合各方业主的价值需求，建筑目标是否达到预期设想，建筑功能是否满足使用需求，建筑性质是否符合乡村地域特色，等等。如果设计方案没有遵循策划构想中的要求，其原因是什么。这些都是针对设计方案的策划评价内容，目的是验证策划与实践的差异。

设计方案已经是建筑设计的雏形了，建筑设计就是要按照设计方案中的内容来做的，设计方案中已经考虑了实际建筑设计中可能会遇到的问题，设计方案是以建筑策划为基础的，所以第一步的建筑策划环节很重要。建筑策划环节出错了，会引起设计方案的出错，进而引起建筑设计出错，这样的连锁反应会导致后期建好的建筑不能让居民满意。

3.使用后评估

建筑在使用之后进行的评估工作为使用后评估，可依据建设项目初期的定位目标来对建成后的使用状况进行评估，以此来研判当前建筑是否满足最初的目标设定。

当代乡村建筑的评估主要包括结构评估与价值评估。结构评估以安全性为准则，对建筑结构、材料、构件等技术内容进行评估；价值评估以功能定位为标准。相对于不同的功能建筑而言，对内部的空间、形式、结构、装饰、材料等有不同的定位标准，对外部的社会环境、人际关系、经济产业等产生一定的影响。对于评估过程中产生的问题应及时反馈到整个策划环节中去，为下一步建筑策划提供一定的参考，有助于乡村文化建筑规范标准的完善。

使用后评估这一步就与最初的目标设定联系起来了，目标设定环节设定了建筑的结构定位和功能定位，使用后到底能不能达成目标设定环节的结构定位和功能定位，就是使用后评估环节需要验证的问题。这个环节也很关键，虽然建筑设计过程已经完成了，建筑也已经投入了使用，发现其中的问题也于事无补；但是可以通过使用后评估总结经验，为下次的目标设定、建筑策划提供参考。每次都比上次进步，乡村建筑业就可以发展得越来越健康。

不论是目标设定、信息获取还是目标构想、目标评价，都在建筑策划阶段起着至关重要的作用，任何一个环节都不能忽略，任何一个环节出错了，都会影响其他环节，进而影响整个建筑设计和建筑成品，所以建筑师要重视每一个环节，把每一个环节都做到最好，才能保证整个建筑设计和乡村建筑满足当地居民的需求。

二、目标策划阶段的公众参与

（一）各方价值倾向与目标

1. 公众

对公众来说，对家乡的建设持有主动权、发言权、知情权是最基本的，这才会使公众觉得自己是家乡的主人。有了主人翁意识，公众自然会对家乡的建设投入自己的力量。大多数村民认为现在农村只能靠自己去找门路，不能光靠国家帮助，老百姓的积极性很重要。知识分子可以贡献知识，有钱的企业家可以投资建设，普通公众则可以积极配合，投身实际建设，让自己和乡亲的生活更美好是公众的基本愿景。只要乡村的每个人都出一份力，那么乡村的建设就会越来越好，每位村民的心情也会越来越好，更愿意为家乡的建设出钱出力。如此良性循环，村民越来越愿意为家乡贡献自己的力量，家乡的建设也越来越好。

2. 乡镇部门

乡镇相关部门是当前乡村建设的中坚力量，上位规划和发展定位需要他们公之于众，公众的意愿也需要他们向上传达，乡村的良好发展既是作为干部的基本责任，也是作为政府工作者的必然要求。和公众站在一起，成为公众的坚实后盾，帮助公众获取所需的信息和资源，为乡村发展谋求门路，是乡镇相关部门的职责所在。可以这样说，乡镇部门就是上级政府部门和公众之间的纽带，乡镇部门的工作做得好，公众的意愿可以很好地向上级政府传达，上级政府需要公众做什么也可以通过乡镇部门公布给公众。这样的三方沟通到位，乡村建设就能顺利进行，建设美丽乡村的目标就能更快实现。

3.建筑师

建筑师投身乡村建设，一部分是受邀介入，另一部分是以接项目的形式主动介入。大多数规划师、建筑师其实是秉持着一种社会责任心来到乡村参与建设的。建筑师是很关键的一个角色，责任是为乡村设计和建造乡村建筑，不是根据自己的意愿进行设计，而是要满足村民的要求。所以，建筑师要和村民进行沟通，了解村民的需求，还要了解乡村的传统文化、地理位置、风土人情，这些都是建筑师要做的，最后设计出符合村民需求的具有乡村特色的乡村建筑就完成了乡村设计的任务。

（二）公众参与的全面性和学习性

在目标策划阶段，公众对相关信息有所了解是公众实施参与行为的前提，因此要想引导公众参与进来，必须在前期做好宣传工作。宣传的受众面尽量全面广泛，公众在不清楚事情原委的情况下，很难主动参与到建设中来。因此，将正确的信息及时、公开、透明地传播分享出去，促使公众参与进来。为使宣传信息覆盖面更广，传播手段还需多样化，宣传形式还需多维化。公众全面广泛地了解发展目标和发展计划，有助于获取公众自身的资源。在合作方的选择上面，一般由政府相关部门出面代表公众寻找合作的建筑师团队或者企业。

事实证明，若公众清楚知晓发展计划去主动参与，也能带动项目的发展。要参与设计过程，公众就需要充分理解政府在做什么，因此公众需要受到一定的培训，需要具备一定的基础知识。因此让公众参与学习是公众参与乡村建设的前提条件。通过培养公众的地方认同感，宣扬团结合作的精神，可以使村民的凝聚力更强大，关系更紧密。如清西陵的发展过程中，梅静博士开办学堂宣扬家乡文化，提升公众的自我文化认同感，改造自家房屋启发公众的自主意识。公众的相关专业知识和审美能力也需要学习与提高才能跟上时代的发展步伐。又如洞庭湖村的重建案例，建筑师组织村民学习，参加培训，花费近一年的时间进行沟通交流才使得大家最终达成一致。这就证明公众参与的全面性和学习性是很重要的，缺乏全面性，公众参与的效果就会大打折扣；缺乏学习性，公众参与的效果也会大打折扣；只有同时保持全面性和学习性，公众才能更好地参与到建筑设计中的目标策划阶段中来。

第四节 全过程设计阶段

一、规划咨询阶段

依据总规控规和土地出让合同规定的绿建相关要求，分析区域环境，并结合业主要求与项目定位，编制乡村建筑设计可行性研究报告，确定节能目标、绿建等级、技术方案、施工控制、运营管理和成本核算。

二、方案设计阶段

首先，在设计初始阶段，项目的设计理念要融入乡村建筑策划中，提出适合地域气候和项目特点的技术措施并完成投资估算。其次，在深化阶段，给出各专业具体的节能技术措施与指标，完成星级认证的相关模拟分析。最后，在最终的技术图纸中落实建筑技术和细部构造，协助业主完成乡村建筑设计评价标识认证和申报工作。

三、施工阶段

组织建设单位和施工单位开展施工培训，针对项目本身特点提交绿色施工方案，做到节能、节水、节材和材料的循环利用，保护环境，实施绿色施工。在具体施工过程中，加强乡村建筑设计施工技术管理，提高建筑保温隔热和施工安装水平，保证质量达到建筑节能指标要求。

四、运营检测阶段

运营单位提供绿色物业管理方案，并形成与之配套的绿色物业管理制度、绿色建筑后评估管理制度、绿色建筑评价与标识管理制度、绿色建筑性能保险制度等。在建设完成后，加强日常运营维护管理，做好设备运行记录和定期检测，保证建筑实际运行效果。

第五节 建造与运营阶段

建造与运营阶段是指方案施工图完成、实地施工建造再到后期村民使用管护的过程。建造与运营阶段是调研阶段、目标策划阶段、方案设计阶段的最终结果，这几个阶段都完成以后进入建造与运营阶段。建造与运营阶段也是很关键的阶段，实地施工建造的质量直接影响村民的使用效果，这个阶段做不好，之前的调研和设计阶段做得再好，也无法将一个合格的乡村建筑展现在村民面前。

一、建造与运营阶段的基础

建造与运营阶段的基础是方案设计阶段，只有方案设计得符合居民需求，体现乡村特色，才能按照设计方案建造出合格的建筑，村民才能得心应手地使用。方案设计阶段也是需要公众参与的，下面就建造与运营阶段的基础阶段——方案设计阶段的公众参与做一下简单介绍。

（一）各方价值倾向与目标

1. 公众

在方案设计阶段，公众可以对照具体的方案提出看法，从使用者的角度考量方案的各种实用性，包括对生活习惯、地方习俗、舒适性等方面的诉求，最看重的是性价比。作为最直接的使用者，此阶段的公众主人翁意识强烈。方案设计阶段的诉求直接关系到后面的建造和运营阶段，关系到村民的使用和管护情况，是非常关键的，所以村民在方案设计阶段比任何时候都愿意参与到其中。

2. 乡镇部门

乡镇部门领导以及上级领导在此阶段是方案的把关人，一方面要确保公众的问题得到解决，更重要的方面是宏观成效的把控，落地性强不强，最后效果预期如何，是否具有推广性，需要多少资金投入建设以及后期管护，是否符合规范等。作为决策者，相关部门领导对此阶段最为重视。方案设计阶段是把理论落实到纸上的过程，落实到纸上之后，就要落实到实际中，所以乡镇部门及上级部门是极其重视的。方案设计出错，就意味着后期的建造和运营阶段不能顺利进行，乡镇部门及各级领导都要引起重视。

3. 建筑师

对建筑师而言，此阶段是公众、建筑师自己、乡镇部门领导产生分歧、探讨协商、达成共识的关键时期。建筑师时而是公众和政府的中间协调者，时而和公众博弈，时而和政府周旋。在建设过程中，建筑师一边遵循政府严苛的条件，一边满足村民对低造价的要求；一边根据村民意愿修改方案细节，一边坚持建筑外观风貌；一边满足政府对乡村农居的丰富性、多样性的愿景，一边坚持四个基本单元的基本型。方案设计阶段的建筑师要有巧妙的处事能力，既要满足政府的要求，又要满足公众的需求，把设计方案做到相对最优，这样在后期的建造与运营过程中才能满足政府和公众的共同要求，为建造和运营阶段打好基础。

（二）公众参与的有效性和代表性

公众的参与是否有效，可以体现在建筑师的设计方案上，公众提出异议，期盼得到建筑师的回应，这是公众参与的重要内容，设计者应将对公众意见的回应在方案设计阶段逐步体现。为确保公众能够及时回应，政府一般会邀请村民参与方案汇报，召开村民座谈会。建筑师就有关专业的部分向公众做进一步的说明，消除公众的疑虑，对公众提出的修改意见及时做出回应。在此过程之中，公众的意见、建议能否产生一定的影响，将体现出公众参与的价值所在，有效性得到提高，公众影响力得到增强，参与热情才不会退却。虽然每个家庭都有平等参与和发言的机会，但并不是所有人都要达成一致。

在方案讨论的过程中，由一定数量的村民代表参与发言，如果每个家庭都来一个代表，难免人多口杂，意见难以整合，不利于凝聚民心。因此，公众参与在此阶段需要选出代表性的人物，先让村民内部形成共识，再选出代表与建筑师和相关领导协商讨论，这样有助于建筑师获得有效的信息，促进公众需求的兑现。如在杭州市富阳区场口镇东梓关村的方案汇报过程中，建筑师的预判和村民实际情况出现了分歧，建筑师为增加出入口的丰富性和街巷的层次感，将每户的大门都设计成不同朝向，但几乎每个村民都提出希望大门方向一定要朝南向。出于对习俗的尊重，设计团队最终将所有的大门都设计为朝南开放。另外，很多村民都不希望共用一堵墙，想保持自家房屋的独立性。除此之外，村民还纷纷表示车库可以不要，但储藏室绝不能少，最终在村落集中设置了停车场。村民明确表示不希望在自家周边种树，认为敞亮是最重要的，而树会影响采光，建筑师就把树木移到了后院。村民的每一项实际需求都得到了有效的反馈。村民在方案设计阶段参与的有效性和代表性可以为后期的建造与运营阶段打下基础，使后期的建造与运营都符合村民的意愿，满足村民的使用需求。比如村民不希望共用一堵墙，但是建筑师建造出来是一堵墙，没有听从村民的意见，那就达不到村民的使用要求，降低了运营阶段的使用效果满意度。

（三）建筑师的引导策略

作为设计合作方，建筑师要想村民接受自己的方案，要从村民关心的领域寻找突破点，如性价比、能带来什么回报等。如建筑师王求安所说的，当他们完成初步设计准备和村民讨论时，团队特地做了直观的建筑模型方便村民看懂。然而，村民并不认可建筑师的方案，更想要符合他们当前审美的欧陆风小洋楼，因为那更能显示出他们生活变好了的状态。为了让公众接受设计方案，建筑团队不逃避交流，进行了一年的沟通。通过建立微信群随时沟通、带领村民代表出家门参观全国优秀的美丽乡村示范项目、为村民举办培训班、尽最大可能降低造价等方式，终于得到村民的认可。造价低和可能带来的经济效益是最能打动公众的点。建筑师在方案设计阶段的引导也很重要，村民可能并不知道自己关心建筑的哪一方面，这时候就需要建筑师的引导，可以给村民提供一些选项，让他们看看到底最在意的是哪一方面，最喜欢的形式是什么样的，通过建筑师的引导得到村民的反馈，使他们逐渐接受自己的方案。这样到后期时，建筑师就可以按照设计方案建筑了。运营过程中，村民也可以按照自己的需求使用建筑了，一举两得。

二、建造与运营阶段的公众参与

（一）各方价值倾向与目标

1. 公众

在施工管护阶段，对一部分村民来说，他们已经完成了参与，可以等着验收成果；另一部分村民在此之中找到了新的工作机会，参与监管维护。这是建筑过程的最后一个步骤，验收合格之后，村民就可以使用了，参与监管维护的居民可以验收工程是否合格，是否按照方案设计建筑的。

2. 乡镇部门

乡镇领导面临公众、社会、上级领导的多重期待，监督项目的顺利落地，但也可能因为精力不足、经济、施工条件等限制降低施工品质。如南京大学乡村振兴工作营对接的竹管垅村项目，村主任谈及为什么没有按照原方案落实时说道："项目是本地的施工队做的，去了几次，后来也没时间去了，投入的资金已经超出预算了，但仍旧没有达到最开始预设的效果。"乡镇部门的目标就是保证建筑项目能够顺利完成，要投入资金、时间和精力，否则最后的建造和运营阶段达不到方案设计的目标，那将是一件很麻烦的事情。

3. 建筑师

大部分建筑师没有时间亲临现场来直接监督项目的建设，也没有精力时刻保持和现场的联系，加之远程的指导无法估量实时的变化。因此，只要公众满意，一定程度的不可控性对建筑师来说是可以接受的。如东梓关村项目的建筑师曾谈道，当公众的心愿被一一满足时，他们心里的大石头才慢慢落下，最后验收的成果能被公众接受是建筑师最欣慰的事情。建筑就是建筑师的一件作品，当这件作品被村民欣赏时，建筑师的心理也得到了满足。

（二）公众参与的自主性和积极性

乡村项目的施工方一部分可来自乡村内部，部分乡村是有工匠的，他们了解建造的习俗、建造的地方工艺以及地方材料的使用特征等。充分动员有能力的村民自主参与建造，并给予相应报酬，有利于激发公众的自主性，学习当地建造技艺，学习现代建造手法。如松阳平田的一系列项目中，当地村民在和建筑师合作后学会了夯土墙钢结构的做法，自发学习钢结构工艺。在做项目一年后，乡村内部的施工队对现代建筑结构已经了如指掌。项目建成之后，维护管护是集体的事，公众自主监督、积极维护是乡村保持美丽的必要举措。乡镇部门领导需充分调动全体公众的积极性，培养公众的自主意识。公众参与的自主性和积极性是乡村建设长治久安的重要条件。如松阳平田村四合院的改造过程之中，建筑师给了施工队极大的自由性，唯一要做到的就是传统建筑的维护，和木工师傅讨论后发展出钢、木土、夯土墙的建构体系。如建筑师王求安设计的洞庭湖村在规划方案确定后，由村民选举设立了村民建房理事会。协同确定了三件事：统一购买建材，这样可以避免材料的杂乱和差价，利用集体力量买到性价比最高的材料；统一施工时间，避免让地方一直处于无法完工的"工地状态"；施工完成后统一抽签分房，避免村民对建造过程的过度干预，影响施工进度。

第五章 乡村振兴视角下乡村建筑设计策略

全面发展乡村振兴战略能促进我国乡村发展,乡村建设正在如火如荼地进行。如何通过科学系统的设计手法,使乡村建筑设计更好地符合乡村振兴背景下"宜居""宜业""宜建"的新要求,成为亟待解决的问题。本章分为乡村建筑设计中的策划与运营策略、乡村建筑设计中的公共参与策略、乡村建筑设计中的"在地"策略、乡村建筑设计中的低碳运用策略四部分,主要包括乡村建筑设计策划、公众参与乡村建筑设计的作用、"在地"的概念、乡村低碳建筑规划设计等内容。

第一节 乡村建筑设计中的策划与运营策略

一、乡村建筑设计策划

(一)建筑策划构想

如果把信息获取与处理过程视为建筑策划的输入环节,那么建筑策划构想过程则是建筑策划成果的输出与导向设计的环节。策划构想的成果应该是完全客观的基于信息和数据分析得到的设计建议,还是融入了策划者主观思想和创造性的设计概念、方向或具体的解决方案。尽管不同学者对此意见不一,但都认可策划构想环节是调研分析与建筑设计之间的关键步骤,起到承上启下的作用。

早期建筑策划构想的性质主要是面向业主的,因而早期建筑策划构想的内容聚焦于从功能性和使用性的角度给出设计建议。但美国建筑师威廉·佩纳(William Pena)坚持认为策划构想与设计构思是完全不同的两个过程,构想的结果是作为设计目标输出给建筑师,并不能对设计的具体策略或做法有任何实质性的解答。环境和文脉对设计的影响,除了建筑本身的使用功能外,还在策划中加入了对场地环境、历史文脉、美学意义的构想,一些构想对建筑与周边场地的考虑已经很难分辨出到底是"设计目标"还是"设计策略和方法",策划构想与设计构思过程结合更加密切。策划构想分成目标构想、空间构想、经济构想和技术构想等环节,总体上仍然是从内部使用者和业主需求、外部环境和文脉条件两个角度考虑的。

(二)乡村建筑策划的内容

乡村建筑策划的内容可以归纳为五个方面:产业目标构想、空间构想、实体与技术构想、经济构想、策划的实施保障构想。

产业目标构想是建筑项目立项和建筑设计目标的界定,这是由乡村建设本身的产业要求决定的,并非每一个乡村中的建筑设计项目都必须在产业中承担着某个职能,但从产业的角度对每一个乡村建设中的建筑设计项目进行审视和判断则是非常必要的。由于乡村建筑策划中同时具有生活和生产的目标,尤其是在国家当前的乡村振兴战略背景下,空间的营造需在乡村产业转型和提升的历史大背景下进行构想,因而产业目标构想成为乡村建筑策划目标构想中不同于城市的一个特殊环节。

空间构想是对建筑空间特征及其使用方式的构想,不仅包括传统的策划中对满足业主和使用者需求的空间规模进行计算,而且包含从环境心理学的角度对空间的氛围、人在空间中的感受、空间与行为要达成的关系等提出设计目标。

实体与技术构想是对建筑的形式、材料和构造技术的构想。传统的乡村建筑形式经过了漫长的渐进式发展,建筑形态与乡村社会的认知和审美形成自洽的形式逻辑,同时也是建筑材料和构造技术的真实反映。因而,在策划的构想阶段,建筑的形式和材料构造是高度统一的。

经济构想的精准性能够直接反映建设项目在成本预算以及运营管理方面的可行性,通过对建设规模、材料以及建筑形象的构想来合理控制建造成本。另外,通过降低管理成本、创造自身盈利来维持运营。建筑项目无论是何种定位,都需要考虑其经济运营层面的问题,尤其是乡村具有公共职能的服务建筑,其经济产业层面可依据实际情况进行相应的构想,但在维护管理方面必须进行详细的策划构想,从而保证建筑的可持续运作。

策划的实施保障构想是乡村建筑策划的一个特殊环节,以保障建筑策划能够被村民所接受、并沿着计划的方向运行下去直到实施完成。这一环节是由乡村建设本身的社会需求决定的——无论是何种类型的建筑。当它在乡村被策划和设计后,能够不受阻拦地建造并且被广大村民认可和按照策划的目标和路径去使用,是乡村建设中建筑策划的潜在必要条件，否则建筑师的一切工作都会成为纸上谈兵。策划的实施保障的构想正是为了保障建筑能够按照策划的目标执行而采取的策略。这一环节包括政府的政策推动、建筑运营、村民参与以及科普教育等策略。

二、乡村建筑设计运营

乡村建设运营既包括民宿、田园综合体等建筑的市场化经营，也包括村委会、图书室等建筑的公共使用规则。在建筑设计阶段的运营构想应遵循以下两个原则。

（一）制订面向村民的公共建筑使用导则

在策划构想时，建筑师与村民代表经过沟通确定建筑的使用功能构想后，由村民委员会负责起草建筑的使用导则，包括日常开放使用时间、维护方法、维护责任人、维护成本等。使用导则应向全体建筑使用者宣讲并签署同意书，并向村民发放导则，经验性的做法是在建筑的建成典礼上进行这一工作。公共建筑的日常开支管理和维护由专门成立的村民小组负责，并受到村民集体的监督。

（二）市场化运营和行政管理干预的适度原则

市场化的运营计划通常由企业制订，建筑师协助政府和企业梳理运营计划对应的建筑功能，所以建筑的运营计划构想在功能构想之前应已有雏形。忽视市场规律和社会投资回报需求，完全以政府主导的大包大揽往往导致建筑建成后无法有效地自我运转和实现之前构想的经营功能，一味追求政绩的大规模建设和更新维护产生的费用使得政府或乡村陷入巨大的债务中。与之相反，过度的市场化投资使得盈利成为乡村建设的唯一目标，"外来消费者利益至上"和"投资者利益最大化"实际上是让外来者占据了乡村土地和劳动的价值洼地，进而引发原生村民与开发商及政府之间的矛盾。因此，运营构想是建筑师在市场化运营代表的企业利益、行政管理的政府目标和村民诉求之间寻求平衡，实现三方共赢的利益分配。

在乡村的不同建筑类型中，建筑策划的实施保障构想有不同的方法和策略。公共空间和基础设施建设类项目更多地依靠政府财政的支持和村民对空间的使用引导，村民住宅的建设以村民公众参与为主、政府引导为辅，乡村产业类建筑则需要企业制订更详细的运营计划来保障建筑之后的正常使用。

第二节　乡村建筑设计中的公共参与策略

一、公众参与乡村建筑设计的作用

（一）有利于保持乡村景观

乡村景观资源是具有中国传统文化特征和社会共享价值的重要资源，具有多方面的价值，但在当前土地城市化率高于人口城市化率的发展背景下，部分农村景观面临消失的危险。公众参与在乡村景观维护中将发挥重要作用。由于村与村之间有着很强的地理关系，能够记住专业环境设计师合理的保护意见，利于原有的景观格局的维持，形成合力作用。非政府组织的参与，不仅可以为农村环境建设提供经济支持，而且可以为关注乡村景观和文化发展的专业技术人员提供网络支持。

（二）有利于传承地方特色

地域特色的核心是乡土文化景观。乡村本土景观有着丰富的文化内涵，既有村庄区位及村落建筑等物质层面的内容，也有非物质层面的节庆活动、家庭生活、村规民约、标签文化等内容，这些都可以在特定的空间中找到，如节庆表演、居住生活等。村民作为体现物质建设和精神建设的活动载体，其在参与新农村环境设计中可以更充分地展现出乡村景观特色文化。在多方主体参与下，可以在建筑材料选择和植物选择上利用本地资源的多样性，塑造地方特色，避免"千村一面"的问题。

二、乡村建筑设计中的公共参与者

把"乡村振兴"作为一个战略提出来，这有别于以往任何一个农业农村发展政策，它所展现的是一个宏观的、系统的、综合性的、全局性的发展方略。公众参与下的乡村建筑设计过程、公众参与的互动机制，使得各方互动顺利进行或无法顺利进行。随着专业学者的自我反思和不断探索，公众参与下的乡村建筑设计也成为学界主流。下面主要从村民、志愿者以及挂职干部三个方面来对公众参与进行介绍。

（一）村民

乡村的建筑主要服务于村民，因此需围绕着村民的需求去思考每一类乡村建筑的设计是否满足村民的生活及生产空间需求，是否适应乡村的生态与经济，是否匹配村民的居住文化与建筑审美需求等。

1.村民生活及生产空间需求

民居建筑的设计应充分考虑村民的生活和储藏空间，容纳村民不断变化的生活习惯，尊重地方习俗，不能一概而论。某些旅游型发展村落还应考虑村民的商业运营空间。在村落功能空间的划分上，既要考虑旅客的体验，也要满足村民的生活需求。建筑上既要满足游客住宿的需求，也要创造充足的休闲空间和餐饮空间，还要保证村民的生活不受打扰，使游客与村民之间能进行充分的互动与交流。

2.生态适宜性与经济需求

新材料新技术的引入不仅对乡村的建筑风貌产生影响，同时与乡村的自然环境难以融合。传统乡村建筑所具有的营建策略是对特定社会和生态环境的响应。如果项目具有特定的地域环境，那么需要了解当地的地貌和气候规律，把最便宜、最具性价比且最常用的材料根据人的需求巧妙地利用起来。

3.居住文化与建筑审美需求

在乡村的语境中做设计，研究当地传统民居、保留建筑地域性特征是最基本要求。了解农村传统与农村居住"哲学"很重要，在民居设计上要尊重本地农村人生活习惯和居住文化。在建筑形式方面充分了解和尊重当地村民的意见，设计师的专业审美不应该成为强制性的文化输入，可适当地引导和建议，使得最终的结果是村民真心喜欢和满意的作品。

我国乡村地区的村民的整体文化水平偏低，其参与意识较弱且容易受潮流影响。设计师提供的方案，村民不一定能理解和接受。因此，研究公众参与设计案例的过程有助于找到合适的交互方法，使得村民需求、政府需求、建筑师需求得到对位的融合。例如，黄山市徽州区岩寺镇石岗村松溪千秋村就是典型的案例。该村突出红色教育、绿色农业、户外拓展、农耕研学、生态民宿五大类业态，编制"多规合一"村庄规划，加强人居环境整治，健全村级治理，增强村民的主人翁意识，完善村规民约，传承"好家风""好家训"，评选星级文明户、美丽庭院等先进典型，弘扬文明乡风。

（二）志愿者

解决当前乡村建设中公众参与存在的问题，关键就是如何提高村民在公众参与中的弱势地位。在一些公众参与制度较为成熟的国家中，社会组织介入规划对解决该问题的效果更为突出，如创造荷兰农业奇迹的合作社制度。荷兰农业合作社作为一个社企联动的社会组织，通过与农民合作，弥补了农民在面对村庄未来发展规划时的专业知识不够、决策效率低等不足，打造出全球第二大农产品出口国。当今，我国主要以志愿者为主的社会组织形式介入更为普遍，效果也更突出。

志愿者一般是以非利益相关的组织形式出现的，如基金会、互助社、合作社、学社等，主要参与人群包括社区居民、专家学者等，虽然他们拥有不同的知识背景，但他们的目标都是维护公共利益不受侵犯，协助弱势群体，推进社会有序发展。志愿者在乡村建设的公众参与中具有以下重要意义：具备大量的专业知识和社会资源，相对于村民，可以更综合地解读规划是否合理，提出准确的意见，精准把握规划的发展方向，保证规划的合理性；有效组织协助村民建设乡村，作为中立方的志愿者能够更易于融入乡村，取得村民信任，同时为政府、开发商以及村民之间的沟通搭起桥梁，保障规划有效实施；弥补村民专业知识的不足，引导组织村民有序参与，提高规划决策效率。

安徽理工大学土木建筑学院"倾筑"服务团是国家级社会实践团队，致力于开展美丽乡村规划、科技支农、资源利用与保护等公益志愿服务项目。"倾筑"服务团成员走进田间地头，就是充分发挥科研工作的专业优势，解决建筑固废行业再生微粉活性较低、与水泥的胶凝能力较弱、难以满足水泥矿物掺合料的使用要求等难题。"倾筑"团队从"茶壶中茶渍难以被洗去"这一生活现象中获得灵感，提出使用茶叶"边角料"中的有机成分治理建筑固废，对其中的再生骨料和再生微粉进行提质，服务于建筑行业，实现"以废治废"和资源循环化利用，促进建筑行业的节能降耗和环境保护，在科技服务茶农中助力乡村振兴和绿色发展。

（三）挂职干部

实现乡村环境建设的可持续发展，必须坚持政府引导和农民主体协同发力。与以往政府机构的规划机制相比，专业团队、政府部门和公众的多元协同参与提高了环境建设过程中各利益主体的主导地位，突出了政府部门作为服务、引导、协调的一方，对推动村庄环境问题解决、形成共识具有良好的作用。

乡村环境建设的可执行性源于村庄环境设计的科学性、利害关系人意见的一致性、上位规划设计的具体落实及内容的落地性。通过对环境设计方法的多方协调，在科学的村庄环境设计方法的基础上，对各利害关系人的意见进行有效的协调和采纳，有效提高村庄环境建设的可操作性。

近年来，为充分发挥选派干部在乡村振兴中的作用，坚持以提升政治理论、组织保障、工作作风为切入点，积极探索选派干部培养新路径，抓实选派干部队伍建设，赋能乡村振兴。具体应做到以下几点。

首先，提升政治理论基础。镇党委坚持把加强选派干部的思想政治工作摆在重要位置，通过开展党性教育、专题培训、外出学习等，持续用党的最新理论武装选派干部头脑，指导实践，推动工作。

其次，提升基层组织保障。落实定期召开选派干部工作例会制度，调度重点工作，镇分管领导、联村领导、村"两委"班子全程参与，就乡村振兴方面坚持经常谈心谈话，及时听取选派干部的思想动态、意见建议，切实关心选派干部的身心健康和工作开展；落实相关政策待遇，全面做好选派干部就餐、住宿等方面的保障，帮助解除驻村工作队的后顾之忧，确保其能够全身心投入乡村振兴工作。

最后，提升日常工作作风。加强日常监管，制定选派干部工作动态定期汇报机制，提出工作要求，督促帮扶部门和驻村干部从严落实驻村帮扶制度，严格执行考勤和请销假制度，采取每月不定期对选派干部在岗情况进行随时抽查等方式，防止出现"走读式""镀金式"挂职；划清政治底线，防止选派干部对小恩小惠放松警惕，陷入"温水煮青蛙"的陷阱，检查督查既关注项目工程招标、大额资金管理、办公经费使用等重点领域和关键环节，紧盯低保评定、产业奖补、慰问金发放等领域，以针对性的思想教育把好预防腐败"第一道关口"，用"咬耳扯袖、红脸出汗"的方式抓好监督执纪"第一种形态"。

三、公众参与的具体优化策略

（一）公众参与方式多元化

参与方式的多元化有助于提升公众参与的效能。可以根据各个村子和各个阶段的实际需求，选择合适的参与途径，以保证公众参与效能的最大化。现阶段的公众参与途径主要包括公示、民意调查、村民座谈会、村民代表参与方案审核会议、部分村民参与建设管护等，而这些途径可以通过多种方式来实现。

1. 公示

公示的目的是让所有公众都获得知情权。实践证明，并不是所有村民都有主动去看公示栏的习惯。因此，前期宣传的方式可以尽量多元化，除了公示栏还可以适当选择广播、微信、宣传单甚至播放视频等途径，将村子的规划定位以及主要内容，利用图片或影带等展现在参与者面前。以期在一定程度上引起公众的讨论，使得公众在参与交流的过程中最大范围地传播信息。

2. 民意调查

问卷调查是获知公众意见的最普遍的方式，能较有效地将调查范围涉及公众的各个阶层，对一般项目来说是比较有效的获得公众具体意见的方式。但民意调查仅以问卷方式进行会存在技术性的难题，事先问卷的设计、选取样本及事后的分析工作都具有较强的预设性，对具体的内容有准确高效的作用，但也会忽略预设之外的情况。因此可以适度通过田野调查、访谈、观察等方式进行。

3. 村民座谈会

村民座谈会即建筑师和乡镇领导就设计方案所涉及的内容作出解释，并针对公众所提出的质疑和意见进行说明或辩护，从而得到公众的了解与认同。村民座谈会旨在澄清项目内容的模糊部分，在此过程中，乡镇领导的立场与观念得以体现。由建筑师和公众面对面直接进行意见沟通与咨询有利于公众立场的表达，因此村民座谈会是获取公众立场的重要途径。

4. 村民代表参与方案审核会议

跟村民座谈会类似，参与的公众是村小组遴选出来的，主要是就建筑师的汇报内容进行质疑，并根据实际需求向上级领导提出要求，但其意见并不一定会被采纳，在一定程度上起到了公众监督方案推进的作用。除了参与审核会议，还可以创建实时的村民答疑、村民反馈等信息平台，增加公众参与的途径。

（二）参与过程全程化

乡村建筑设计的全过程并不是一个封闭的过程，而是从策划到运营全过程都不断与外界互动的开放过程。当下的公众参与仅对调研阶段有着较为细致的设计，而策划阶段、方案设计阶段以及施工运营阶段相对较简略甚至存在缺失。村民只有零散的机会参与，不是全过程的参与。因此，需要构建一个全过程的公众参与体系。

1. 保证各个阶段的有效参与

策划阶段的工作虽主要是政府主导，但可以通过多途径公布相关资料，保障村民的知情权。通过设置线上线下的意见征询箱，组织线上线下的培训会等方式，在项目启动之初就调动村民参与的积极性，提升村民的知识储备。调研阶段除了问卷、座谈会，还可以辅以热线电话、微信等线上实时信息接收平台，以保证公众有足够的时间可以思考。方案设计阶段尽量用通俗的语言和视觉化的表现形式来进行讨论，保证村民能听懂，才能实现有效参与。施工与运营阶段，可以协助村民形成内部的监管小组，以实现长期的效益。

2. 保证各个阶段的公开参与

在项目的推进过程中需坚持公开透明的原则，让公众及时了解全过程的相关信息，包括哪些阶段有哪些参与途径可供公众选择，公众可以知道哪些人在哪些阶段代表了自己的权益进行发言等。全过程参与的公众代表应兼具代表性和全面性。

（三）参与闭环完整化

从策划信息开始形成到公众接收信息，再到公众提出诉求并回收反馈，公众参与的闭环应完整化。当前的参与环节前期动员不足和后期缺乏信息反馈，是公众参与意愿不强烈的主要原因。因此，形成信息发出与反馈的闭环，使得村民觉得自己的意见受到回应和重视，有助于促成参与的正面效应。

（四）监管机制健全化

增设第三方监管机制，保障公众的各项权益。乡村建筑从设计到运营使用是一个长期的动态性过程，在这个过程中必要的监管机制是监督和制约各方行为的重要途径，主要是避免公众意见不受重视，公众诉求得不到反馈，或者管理过程中出现损害村民切身利益等情况。公正的监管机制的存在，有助于增强村民的话语权，保障公众在参与过程中的参与深度。

（五）组织方法科学化

乡村建筑设计的过程其实也是不断整合村民、乡镇部门相关人员、上级决策人员以及行业专家等不同身份阶层、不同专业领域的意见的过程。在调研阶段常用的调查方式是问卷法，然后根据问卷进行量化的归纳分析，但该种方法并不适用于方案谈论、座谈会等较为开放的发言场合。当问题复杂、牵涉部门众多、讨论的各方各有千秋时，使用 KJ 法（其创始人是东京工业大学教授、人文学家川喜田二郎，KJ 是他的姓名 Kawakita Jiro 的缩写）或许可解眼前之困。KJ 法在操作过程中将各种意见、想法和经验不加取舍与选择地统统收集起来，追踪它们之间的相互关系而予以归类整理。其过程与研究者在头脑中总结整理思绪的过程颇为相似，有利于激发创造性思维，也有利于协调意见不同的人们，采取协同行动，求得问题的解决。

（六）优化的过程机制构建

我们可以将整个设计过程分成四个阶段的程序，在原来的基础上每个阶段都置入信息反馈的步骤，使公众参与过程更加完整并促成良性循环。在这四个阶段中重要的步骤包括村庄发展方案的确定、合作设计单位的选择、设计合同的签订、村民座谈会、方案审核会、方案专家论证会、竣工验收、使用情况回馈等。公众参与的形式应多元化。策划阶段最常见的参与形式有公告栏公示、宣传手册、村委会会议、村镇广播、村镇公众号等，目的是使公众全面广泛地知情，然后开放式接收回馈的公众意见。调研和意见征询阶段常见的参与形式有问卷调研、入户访谈、村民座谈会等，然后将被采纳的公众意见和会议要点进行公示，反馈给公众。方案设计阶段的公众参与形式有参与方案汇报并提出意见、参与专业论证会并提出意见等。在最后的施工与运营阶段，公众参与可以通过参与施工、参与监督、参与维护使用等方式来进行。

第三节　乡村建筑设计中的"在地"策略

一、"在地"的概念

"在地性"理念脱胎于社会学对"在地化"问题的探讨与反省后的特征性总结，强调的是对地方特性的思考以及对"全球化"的反思，后来逐渐成为地理生态等学科中的核心理念。"在地性"不是刻意追求某种建造形式，而是寻求建筑生成逻辑的挖掘，并将它赋予每个特殊的场地的建筑生成来形成具有属于该场地的独特气质。

国内许多著名建筑师对在地性有着自己深刻的理解。建筑师华黎从建筑与环境的关系角度进行解读，认为建筑如果与环境之间存在着密切的内在联系，就可以成为在地建筑，并且对于环境即"地"的理解是它并不局限于某个限定的环境，可以是乡村也可以是城市，突出强调的是对不同"地"内部特征如自然、地理、人文等要素特征的挖掘，并通过设计语言反映到建筑上去，从而使建筑与环境形成一个有机的整体。

所以，在应用"在地性"理论进行设计实践时，必须对使用主体生活圈内历史文化的构成进行追溯，以及对他们当下的需求进行细致关怀，以展现建筑与环境之间的逻辑生成关系为原则，不以追求某种视觉特征样式为目的，巧妙地将建构言语融入建筑与环境之中。

二、"在地"设计的特征

在地性设计强调基于场地环境，寻找场地内部在地设计的原生要素，然后围绕这些建筑要素，展开有别于普式化建筑生成方式的另外一种营造逻辑，因此在地性设计的特征与场地要素存在巨大联系，下面针对"原生化""精微化""包容化""持存化"4个要素的在地性特征进行细化分析。

（一）原生化

原生化是指在地的原生特殊性。即建筑设计尊重场地的原生差异性，在设计的前期要对场地进行深化研究，挖掘提取场地独特的原生差异性要素，让建筑通过空间、形体、材质等方式来形成对原生差异性要素的回应。但在地性的回应方式与地域主义不同，在地性寻求的是对场地内更加细致的要素的捕获而不仅仅是区域内一个宏观笼统性的符号概括，包含着对场地微地貌、微气候、人文内涵相关的场地内部空间属性的保留，以及使用者需求及其微弱心理变化的关注来提升使用者对场地的归属与认同。

（二）精微化

精微化即在地设计中注重对场地内微小存在要素状态的关注，无论是衰败的社会历史人文习俗，还是相貌平平的物质遗存与地形风貌，都可以作为在地性设计的逻辑起点。

（三）包容化

包容性强调对场地内滋生的一切要素都给予充足的考虑、理解与尊敬，并将这些不完善的在地原生要素作为建筑设计营造的根本出发点。例如，建筑师廖伟立在草悟道（一条林荫道）设计中，对腿脚不便的使用者的需求进行充足的考虑，在整个场地规划中设置了不同坡度的缓坡，将直线道与具有暂停作用的缓坡道有机结合起来，既保证使用者在使用时的安全性，也从规划设计的角度化解了他们身体上的缺陷带来的尴尬之感。

（四）持存化

持存化即在地性设计是一个进行时，不是完成时。在地设计从前期调研要素的获取到建筑形态、空间、材质等与场地原生逻辑的对应，再到后期建造及对内部使用者需求的持续陪伴，不断化解乡村在演变过程中出现的矛盾。整个建筑建造是一个持续陪伴的动态进行时，而不是即兴表演似的临场应对。

三、乡村建筑设计的在地策略

当谈论乡村建筑的在地性时，也就是在讨论建筑如何与其所处的地理环境、人文环境中的适应性设计。建筑的在地性是现代建筑的重要组成部分，而不是其对立面。强调建筑的在地性也不是完全模仿传统建筑的形式和风格，毕竟建筑所处的时代环境、建筑材料、建筑技术已经和过去有很大分别。目前我们应着重探讨在新的技术水平下，如何利用更优的技术手段，创造基于某一地区的地理人文环境但又具有当地建筑特色的乡村建筑。

（一）建筑与环境的在地性融合策略

"在地性"对于地的追求不是基地现状的保留，也不是原有特征的还原，而是指建筑属于这片土地，植根于所在地域环境中，依据地方的营养而生发，友善地与邻里对话。而乡村公共建筑与环境交融的目的是让建筑融于环境之中，并在环境之中汲取养分进而茁壮成长，从而使建筑与环境建立长效的联系，这是在地性设计不可或缺的部分。

1. 建筑形体与环境在地性呼应

（1）建筑体量的消解

建筑的体量指建筑在空间上的体积，包括长、宽、高三个维度。建筑因其使用功能与性质的关系往往会形成建筑体量的大小差异，同时建筑的体量大小对空间环境有着很大的影响。乡村中的建筑以小尺度的民宅居多，过大的建筑体量往往会对乡村环境与村民心理造成较大压迫感。在地性设计寻求以谦卑的姿态融入场地之中，常常用退台、错叠的形式对大体量建筑进行消解，形成屋顶平台、院落、灰空间等积极性的公共空间。这种建筑体量的处理方式可以使建筑体量与环境形成良好的融合与交接，使建筑与场地植物、河流一样成为环境不可或缺的一部分。

（2）建筑的依形就势

"在地性"观念秉承可持续发展的理念，强调以一种谦卑的姿态介入场地中去，对场地进行充分的尊敬，反对为了追求某种特定的形而上的形式对建筑场地进行破坏与干扰。建筑的依形就势表示对建筑场地地形地貌特征的充分尊敬，依据场地地形地貌的特征以人工介入的方式让建筑从布局、形态、空间等多角度进行适应调整，营造出建筑与大地之间形态的相似性，从而形成在地归属感。

2.建筑色彩对环境的在地融合

与现代主义追求的纯粹性不同，在地性设计对建筑的色彩有极大的包容性，并常常用作建筑与环境融合的重要手段，在地建筑通过色彩的处理同样可以与环境发生紧密联系并取得和谐的效果。建筑使用与环境色相近的色彩是在地设计常采用的方式。

3.建筑对原有资源的在地性利用

在地设计强调建筑设计根据建筑的场地资源来设计，而建筑的场地原有资源包含水、植被、历史遗迹以及建筑肌理等多种地方资源。它们长久存在于场地内，可以反映场地内的环境特征与内在特性，是建筑在地设计的重要线索。然而，自然资源本身具有一定的随机性，对于不同场地原有资源的在地处理也应该随机应变，不应有固定的模式。例如吊脚楼的依山就势、蒙古帐篷与草原的和谐共生以及郁郁葱葱森林中的树屋等，都反映了原有场地资源的差异性，折射出了不同特色的建筑取向。充分尊重产地原有资源，并让建筑以一种谦卑谨慎的态度介入其中是在地性设计实践的准则。

（二）材料与建构的在地性应用策略

1.建筑材料

（1）传统材料的在地回收

随着城镇化的持续推进，乡村人口大量流失，乡村内部建筑丢弃与拆除留下了大量的乡土建筑材料，虽然它们很多已经被作为废料进行处理，却依然不能隐藏其丰富的历史符号与记忆的痕迹，所以对其进行在地回收仍具有重要的价值与意义。

（2）传统材料的重新组合

对传统材料进行重新组合使用亦是公共建筑建造的常用方式，既可以控制建造成本，组合的方式也较为直观简单，而且便于当地工匠进行学习，所以可以更加方便地对在地材料示范性使用进行推广。

（3）传统材料性能的在地优化

传统乡土材料自身蕴含着浓厚的乡土文化，它们对恢复乡村传统文化与地域性特征具有十分宝贵的价值。此外，乡土材料自身的一些独特性能是许多现代材料所无法代替的，它们建造成本低廉、便于获取、具有独特的艺术魅力。新的建造工艺与建造方式也赋予了乡村传统材料更多的创造潜能与活力。

2. 建筑技术

（1）传统乡土技术的在地利用

传统乡土技术包括被动式技术和与乡村传统营造工艺相关的技术，它们是乡村在营造过程中与环境长期相互作用形成的经验总结，并通过师徒的传授不断延续着，具有低技术、低成本的特征。对于传统乡土技术的利用，不仅可以减少能源损耗，更是一种场地技术在地表达的一种表现。

（2）传统结构体系的现代高技术更新

乡村中引入高技术指的是结合乡村具体实际，在不增加乡村建造成本的基础上形成的与乡村本地建造技术能力相匹配的现代新技术，用它来对乡村建筑的设计建造进行辅助，而不是为了追求某种新颖奇特的造型而忽略乡村的实际状况。它不仅可以弥补传统材料在结构性能方面的不足，还可以赋予建筑更多时代的气息，让村民认识到新的科技成果，提升村民的审美情趣。

第四节 乡村建筑设计中的低碳运用策略

一、低碳相关概念及辨析

（一）低碳的概念

低碳，英文为 low-carbon，狭义上指较低（更低）的温室气体（二氧化碳为主）排放，其基本含义是减少生产和生活中消耗的能源，从而减少二氧化碳的排放，降低温室效应。随着经济的发展，植被不断减少，二氧化碳排放不断增加，地球环境遭受破坏，"低碳"一词已经衍生为社会前沿的概念，涉及领域广泛。随着世界对二氧化碳造成全球变暖形成共识，专家学者提出了"低碳经济""碳足迹""低碳技术""低碳城市""低碳社区"等一系列关于低碳的新概念，为世界走向可持续的生态文明指明了新的道路。"节能"这个概念是在"低碳"概念之前为人所知的，但是低碳的概念与节能的概念相比，更强调在生产、建设、管理等各个环节减少二氧化碳的排放，是一种具有生态、可持续特征的新型概念。低碳最重要的内容是在研究、开发和推广低碳技术方面充分发挥减少污染和适应气候变化的特殊作用。

（二）低碳内涵的延伸

低碳衍生出的低能耗、低排放的概念覆盖了社会、经济、景观等很多领域。因此，低碳的内涵逐渐延伸为低碳社会、低碳经济、低碳景观、低碳生活、低碳城市、低碳社区、低碳旅游、低碳理念、低碳文化等。这些概念的提出旨在倡导在生活、经济、建设等各方面人类活动的过程中减少二氧化碳排放，减少对环境的污染，强调可持续发展。

（三）低碳与零碳

零碳是指减少二氧化碳排放量并用植物的碳汇效果等方式补偿剩下的碳排放，实现净碳排放量为零。这也是指结合碳汇作用将建设、管理等全生命周期内的碳排放量降为零。与零碳相关的概念还有零能耗、零排放、零产碳、零含碳、全生命周期零碳等。相比低碳，零碳通常指的是相对来说污染性大的煤、气、油、柴等常规能源的二氧化碳排放为零，并且通过利用植物吸收二氧化碳达到碳汇效果，它的要求更为严格。所以，低碳与零碳的本质是相同的，只是要实现的目标不同，选用的技术等级有所差别。

二、乡村低碳建筑规划设计

建筑生命周期中，各个阶段都会产生一定的碳排放。根据研究，建筑使用阶段的碳排放与建材生产运输阶段占建筑生命周期内产生碳排放的绝大部分。因此，乡村低碳建筑应从使用阶段与设计建设阶段进行低碳设计，从而减少能源消耗。

（一）利用植物改善

气候对农村住宅发展的影响是最大的，改善建筑周边环境的微气候可以缩小室内与室外的温差，有利于夏热冬冷地区降低空调的耗能，节约能源。建筑庭院与周边配置绿色植物能够释放氧气，并通过蒸腾作用调节气温，改善建筑周边小气候。由于植物能够蒸发水，能起到降热、增加湿度的效果，绿色植被覆盖率高的地区相对湿度较绿色植被覆盖率低的地区要高。此外，可以根据建筑类型进行墙体绿化和屋顶绿化的设计以增强外墙遮阳、防晒、保温的效果，改善空气质量，减少耗能，从而降低碳排放。这些建筑绿化也能够形成立体的绿色空间，营造靓丽风景。

（二）空间结构与布局

建筑的形式、朝向、空间等方面对通风、采光、热交换有重要影响，建筑的围护结构的热性能、天然采光和自然通风对建筑的能耗有重要影响。乡村建筑合理利用自然通风能降低空调能耗，从而减少碳排放。中国乡村传统建筑在选址、布局上讲究风水和南北朝向，这些能够有效地提高通风量。乡村建筑多为低层院落式结构，每个堂屋前都设置天井，并且建筑采用大进深、深出檐、檐廊和夹层，这种建筑结构能够遮蔽阳光，增加自然通风。此外，还可以根据建筑大小等方面进行空间布局，设计中庭、下沉式空间，对建筑的墙体进行保温隔热构造的设计等，提高建筑的保温隔热性能，增加建筑采光，从而降低耗能。

（三）确定建筑结构

乡村建筑采用不同结构对建筑的建造和使用过程中的二氧化碳排放有着重要影响。我们可以对相同建筑面积木结构、钢结构、混凝土结构建筑材料在生产运输阶段的碳排放对比来确定乡村低碳建筑在结构方面应采用的形式。

（四）建筑材料的选用

建筑材料的制造和运输是建设阶段主要的耗能过程，因此选用合适的材料是降低建筑能耗与碳排放的一大途径。我们可以利用生命周期法对建筑的生产、运输两方面从不同材料类型的乡村建筑的碳排放数据进行比对研究，以确定乡村建筑从低碳的角度应该优先选择何种材料。

（五）可再生能源的利用

乡村建筑充分利用可再生能源和进行水循环能够有效地减少电力等能源的消耗，进而减少碳排放。建筑可再生能源一般有太阳能和地热能。目前，一些低碳建筑中已经采用太阳能供热采暖技术、太阳能照明技术等。

三、乡村建筑设计的低碳策略

建筑产生的初衷是为了遮风避雨，减少外界环境的影响和室内环境的变动。因此，建筑使用了大量的能源用于空调、照明和热水器等设备，用于营建良好的居住环境。然而，这些设备在运行的同时释放大量的热量到建筑中，增加了空调设备的能耗。在这样相互影响的关系中，合理的建筑设计能够创造良性的能源与环境的关系，实现建筑用能的低碳化。一般建筑的节能设计应当首先从控制建筑的热负荷开始，具体包括以下 3 个步骤。

（一）控制建筑的热负荷

建筑能耗的一半以上用于空调设备，其负荷包括设备耗热、维护结构从外界的得热、室内的使用者及设备的散热。其中，维护结构负荷占的比例最大。因此，建筑的低碳化应该首先做到增强建筑维护结构，包括屋顶、墙的热性能，减少外界环境波动对建筑的影响，降低建筑的热负荷，从而减少空调设备的能耗，实现固定碳源的减排。

（二）采用被动式设计手法

被动式设计手法是不通过特殊的机械设备，充分利用自然调节室内环境，减少空调设备的用能，实现建筑的低碳，即通过建筑的空间设计手法实现节能减排。采用这种手法可以在减少外界环境对内部环境影响的同时，减少设备本身的散热，是可持续设计的有效组成部分。

（三）采用高效的设备

采用高效的设备，如高效的空调、照明设备、家用电器以及热水供应设备等可以提高能源利用的效率。在使用者用能不变的情况下，降低一次能源的消耗，实现减排。

随着农村生活水平的提高，家电设备大量地进入农村家庭。乡村住户中主要的设备包括炊事用具及热水能耗、建筑照明能耗和空调能耗。在几种能耗中，照明占家庭用能的比例最大，是乡村建筑中用电的主要形式。然而，只有少部分的家庭选择节能灯，其余仍然使用效率低下的白炽灯，这部分的节能潜力很大。另外，空调设备的家庭占有率不高，而且乡村在夏季大量依靠自然通风等手段，使用频率也不高，因此这部分能耗与城市相比并不大。但是，乡村住宅的空调能效等级很低，因此也具有很大的节能减排潜力。

根据各种低碳技术的低碳成本，乡村应该选择适合于其生活和经济条件的低碳技术，如选择 LED 照明等低投入、高使用率的低碳照明系统，尽量选择能耗效率高的空调设备、炊事设备以及热水供应设备等。

目前，新农村建设主要把重心放在农居建设以及村容村貌改善上，对住宅的物理环境舒适度却少有考虑。随着农村经济的发展，农村建筑的采暖、空调、通风、照明等设备的建筑能耗也在逐年增加。然而，即使在农村的新建的公共建筑中也极少考虑节能减排要求，更不用说大量既有的农村住宅。

乡村建筑以住宅建筑居多，大多属于自建建筑，建造技术较落后，缺乏节能减排意识，这为建筑节能减排的推行带来巨大的阻碍。此外，乡村居民对于生活质量的追求日渐提高，并自行安设制冷、取暖设备，导致住宅能耗增加。

结合乡村住宅空间特质、社会经济条件、营建技术特点等特殊性，其节能减排的步骤应当与一般的建筑有所区别。乡村建筑的节能低碳应该遵循以被动式建筑设计手法为主、以主动式建筑设计手法为辅，以依靠空间策略的调控为主、以依赖设备调节为辅的灵活利用热性能的空间构成，以减少使用空间时的设备能耗（以牺牲一部分不适用的空间的舒适度为前提），以及高效设备（适宜技术）导入这几个步骤。

第六章 乡村振兴视角下乡村建筑设计实例

乡村建筑设计已经成为当前乡村住宅建设中一项必不可少的内容。经济发展带来的环境问题和住房问题也使得许多人更愿意在乡村居住，因此，乡村振兴视角下乡村建筑设计实例也是值得探析的。本章分为马郢项目、虎凹欢乐茶谷项目、故乡的茶、郎溪茶产业园四个案例，主要包括项目建筑设计概况、项目建筑设计优势、项目建筑设计现状、项目建筑设计成效、项目建筑设计定位、项目建筑设计方案等内容。

第一节 案例一：马郢项目

一、项目建筑设计概况

马郢田园综合体位于安徽省合肥市长丰县杨庙镇南部，四周与陶店村、谷大郢村和四树村接壤。东临蚌合高速，与合肥市绕城高速入口相距约 36.6 km，被 206 国道把村域范围一分为二。马郢田园综合体位于典型的丘陵地带，该区域内河流水系较丰富，以种植优质水稻、棉花等经济作物为主，沿合淮路东侧分布。

村域交通网络的骨架基本形成，外部交通道路做到柏油路进村、内部水泥路入户，已建成村间沥青道路约 20 km，通往各家各户；旅游步道同步得到建设完善，具有旅游观光车等交通工具。从整体上看，马郢田园综合体聚落沿主要村道线性展开并呈组团状分布，不仅配有齐全的公共服务设施，而且在游客游览区域设置了村庄简介和游览地图，并根据游客进出方向在不同区域设置了指引设施。

通过不断探索乡村旅游之路，马郢田园综合体以建设乡创孵化基地为主，积极打造乡村亲子旅游、农耕体验研学游及自然教育高地。2017 年，马郢项目被确定为长丰县首个田园综合体项目，成为合肥市乡村田园综合体发展的创新样板。

二、项目建筑设计优势

马郢田园综合体项目是长丰县开展自然生态与教育研学、体验农家生产劳动和农家生活、使田园观光和休闲旅游相结合的有益探索，是实现经济效益和社会效益双丰收的突破口。马郢田园综合体建设具备以下优势。

（一）区位优势

马郢田园综合体位于长三角城市群核心发展区边界上，交通便利，206 国道纵贯南北，城际大巴直达，离杨庙高速路口约 5 min 车程，离吴山高速路口约10 min 车程，到合肥市区、合肥新桥机场用时约 30 min，处于合肥、蚌埠、淮南的中部，为典型的都市近郊型村庄，可发展近郊都市农业及旅游业，具有发展城乡接合部田园综合体建设试点的优势。

（二）文化优势

由"助学、助农、助村"三个子计划组成的"马郢计划"，是一项以扶贫为主要任务的志愿者公益项目。通过引入志愿者服务机制，马郢社区将田园综合体建设作为延续"马郢计划"乡村产业发展的扶贫方式，全力打造农旅融合的研学旅游品牌，增添农家乐、采摘节、玩摸秋等极富乡村文化气息的主题节目，将儿童助学、产业扶贫、旅游驱动、自主创业融为一体，让社会各界力量主动反哺马郢，让文化、旅游、文创志愿者聚集在乡村，在繁荣了马郢的乡村文化的同时，更为马郢田园综合体的建设聚集了人气。

在城市与乡村之间架桥，让城市和乡村的资源得到有效的互换和互补，可以满足各方的利益和价值需求，提高村民收入，对距离城市较近的乡村具有很高的实践价值和示范意义。

（三）党建优势

马郢社区上级党委与政府高度重视马郢的党建工作，支持社区党总支发挥好战斗堡垒作用，当好社区脱贫攻坚的指挥部。镇党委与政府牵头，成立了以书记和镇长为领导的乡村振兴工作组，切实落实主体责任，形成领导干部带头示范效应。在党组织建设方面，按照党建引领的要求，加强基层党组织建设，开展"党建+"工作，通过与市公管局等单位建立乡村振兴联合工作组、签订四联四定共建协议、邀请爱心企业参与多方共建等多种方式，加强社区党建，配强配优社区"两委"班子，切实增强基层党组织引导、服务、保障产业发展的能力。

马郢社区坚持以服务型党组织创建为载体，以建设五好支部为目标，充分发挥基层党组织的战斗堡垒和引领作用，帮助农民增加收入，帮助村集体壮大经济实力，帮助企业解决难题，真正实现乡村振兴战略。

（四）政策优势

国家层面上，国家将"田园综合体"作为融合三大产业的催化剂，可以有效利用农村的闲置资源，满足农村和其他地区产业经济发展的需要；省级层面上，安徽省财政厅根据各市区规划开发基础、开展试点意愿、改革创新工作推进等因素，计划在符合国家农业综合开发县（市、区）的基础上设立田园综合体建设试点，并每年给予建设田园综合体的农业综合开发试点县（市、区）中央财政资金2000万元；县级层面上，在《安徽省财政专项扶贫资金管理办法》的基础上，结合长丰县人民政府印发的《长丰县扶贫资金管理办法（试行）》的要求，积极争取县级扶贫资金，而马郢社区创建的田园综合体建设是整个县的重大建设项目，具有示范和引领的作用，可以优先得到相关扶贫资金的帮助。

三、项目建筑设计现状

（一）马郢田园综合体总体发展现状

马郢通过实施乡村振兴战略，建设田园综合体项目，逐步形成了"党建引领、政府主导、旅游驱动、文化兴村、高校助力、公益支撑"的独特发展模式。

①党建引领、政府主导，打造生态宜居和谐的马郢。"马郢计划"整体框架是党建引领、政府主导、村民主体、社会各界广泛参与，目的是打造"政府、个人、社会三位一体"的乡村振兴模式。通过实施该计划，马郢社区由一个名不见经传的皖中贫困村发展为享誉省内外的知名旅游村。在具体的规划设计过程中，该社区以田园综合体建设为契机，整合土地、资金、项目、人才等资源，促进传统农业转型升级。一方面，从"立、建、配、引"4个方面着手强化人才因素，成立以书记和镇长为正副组长的乡村振兴工作组；与合肥市公共资源交易监督管理局共建乡村振兴平台；配齐配强社区"两委"，从原来的3人增至7人，壮大工作队伍；引进乡创、乡建、乡宣、文创、志愿者、规划设计、农旅等方面的人才。另一方面，实施6大项目，打造基础工程。以马郢田园综合体为总揽，不断细分实施各子项目：加强环境治理，推动生态修复，对马郢超过333.33公顷的农田实施高标准农田项目；对千亩杨树林、百亩老梨树林、水系资源等实施生态修复项目；对马郢13个村庄实施乡村修复项目；对区域民俗文化实施传承保护项目；开展美丽乡村建设，以"村庄美化、环境卫生、生态建设"三大工程为抓手，全

面推进农村"三大革命"，打造集水系、湿地、田园于一体的乡村生态。通过人才、项目、资金、政策的不断积累和运作，一个生态宜居和谐的马郢社区已现雏形。

②旅游驱动、自主创业，打造产业兴旺的富裕马郢。田园综合体是伴随着现代农业发展、新型城镇化、休闲旅游发展起来的，是大势所趋。"无锡田园东方"是田园综合体的先行者，其最大的特点是将田园东方与无锡阳山的发展融为一体，通过三大产业的有机结合，实现生态农业、休闲旅游、田园居住等复合功能。借鉴田园东方的成功经验，学习其田园综合体建设的思维，马郢社区定位于建设"全国成长教育高地、乡村生活体验目的地"，充分挖掘农业、农民、资源优势，成功融合三大产业资源，形成了以田园风貌为基底并融合了现代都市元素的田园社区。

（二）马郢田园综合体农业发展现状

马郢田园综合体的农作物类型主要为当地热销的特色蔬菜、瓜果等。通过实施"马郢计划"，马郢田园综合体坚持发展绿色农业，要求社区内的农副产品生产者严格执行绿色生态标准，禁止使用对人体健康有害的农药、化肥、激素，推行 CSA（Community Support Agriculture，社区支持农业）园区建设模式，邀请消费者和游客以参与体验的方式加深对田园综合体农产品的信任感。

依托现有农业资源大力发展观光农业、创业农业、特色农产品加工业等"农业＋"的现代农业产业体系，马郢田园综合体形成了差异化发展和丰富的发展类型。农业与旅游业深度融合发展，相互影响、相互促进，形成农业与旅游业融合共生的新局面。马郢田园综合体初步形成了"现代农业种植区""农业休闲观光片区""创意农业样板区"等多个特色农业园区，不断吸引着城市游客来马郢旅游，并促进了当地的畜牧、水产养殖等产业的高速发展。

随着马郢的知名度与关注度不断提高，县政府积极鼓励村民返乡创业就业，马郢的创业者用自己的实际行动改变了村民以往的种植模式，包括水产养殖、特色农场、马场等创业项目，涵盖了农业的大多数方面，其中，草莓王子张海波的壹畦趣草莓、龙虾哥陈川生的稻虾米、孙地宝的山羊、周志强的大白鹅等一系列产品已经赢得消费者的认可，影响和带动其他村民共同创业致富，给马郢田园综合体及周围村庄带来了较好的效益。

（三）马郢田园综合体旅游业发展现状

马郢田园综合体定位于集"乡村生活体验目的地""全国成长教育高地""宜居宜游发展目的地"等为一体的合肥市田园标杆，将乡村旅游发展与公益活动相结合，延续"助学""助农""助村"这"三驾马车"，以亲子研学体验、农耕文化体验、乡村文化体验为核心，深入挖掘和保护非物质文化遗产，让传统文化的魅力与内涵不断地显示出来，以此来引起游客的关注与重视，让乡村旅游变得更加富有生机。同时依托乡土农耕文化，马郢致力于打好"情怀落地"牌，通过创意创新结合环境利用，引进更多田园综合体融合项目，进一步打造以创客为主题的社区旅游业态中心，吸引了更多创客到社区落户，一批如创业者部落、知物柴烧、农耕体验基地、马郢小院等以创客空间为主要形式的乡村创业创新主体拔地而起，营造出良好的创业环境和氛围，极大地激发了村民发展的内生动力。以农民创客为主角的"新农创客空间"，深挖传统节气文化，融合本土民俗风情，举行中秋拜月仪式，开展民俗论坛交流，积极组建"来马郢、玩摸秋""来马郢、过端午""来马郢、逛大集"等形式的活动，并置入新的功能，成功探索出田园式的文创文旅产业发展方向，不仅让游客尽情尽兴，而且也让越来越多的游客流连忘返，也吸引更多的有志青年来到马郢进行创业，让更多的外出务工农民回到家乡来获得更好的发展，多角度展示了安徽省打造乡村田园综合体的创新实践。马郢田园综合体的兴起正在于这么一批"创客"的聚集，他们每个人都怀揣振兴乡土的理想和激情，通过相关部门搭建的创业平台，他们肆意施展自己的创意与才华，进一步促进马郢各项产业蓬勃、有序地发展，成为展示马郢田园综合体的亮丽名片。

2018 年，在长丰县杨庙镇党委与政府的支持下，由马郢社区居民委员会牵头、马郢创客创建并参与了安徽马郢乡村旅游农民专业合作社，让合作社来统一运营乡村所有业态，通过集外来创客与本地村民开展旅游观光服务、农产品销售、电子商务多种功能于一体的协同创新机制，以规范马郢乡村旅游、发展农村电商和为园区所有经营主体服务、指引生产计划、优化生产方式、带动创客、村民增收为目的，帮助村内创客解决品牌、设计、金融、销售等一系列问题。在管理方面，合作社制定创客共同遵守的创客公约，要求所有创客自己不吃的不种、自己不吃的不卖，实行品牌授权管理，对违反公约的创客给予摘牌、列入负面清单等惩戒；在生产种植方面，合作社要求农户推广绿色种植、养殖，打造马郢农产品名片，带领农户发展产业、发挥集群优势；在餐饮服务方面，打造马郢当地美食风格，各家农家乐风格不一，均突出特色菜品；在民宿住宿方面，根据风格及经营方式区分，互补合作；在农场采摘、旅游路线设计方面，每家打造不同的体验路线，实行差异化经营。合作社下一步将以提高村集体经济作为发展的主旨与关键任务，切实做好社区居民就业与创业指导、培训服务等工作，不与民争利，做好新老村民的服务员，规范发展，让来到马郢的游客能够感受到越来越丰富的乡俗文创体验，利用线上线下多渠道让马郢的农产品实现产品联合发展、纵横发展，实现三大产业的有机融合。

马郢田园综合体建筑设计借助乡村旅游为驱动产业促进传统农业转型升级、逆向带动产业融合发展的目标，充分挖掘农村、农民、农业资源优势，着力打造宜居宜业宜游的江淮乡土院落。

四、项目建筑规划设计

马郢项目总体建筑规划设计为一轴、两环、多心，如图 6-1 所示。

①一轴：美丽田园绿色廊道。

②两环：乡村旅游核心推动环、乡村生活多态发展环。

③多心：江淮美食聚集区、田园研学体验区、乡村文化高地、草莓采摘园、居民乡居体验区、中心村示范区、高科技办公区、乡土田园保护区等。

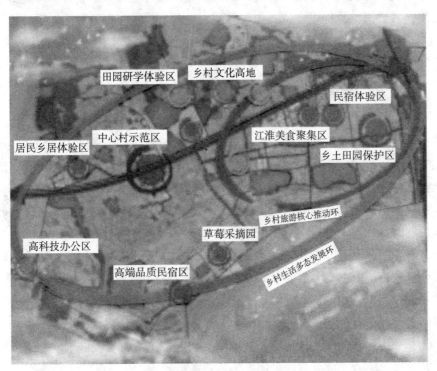

图 6-1　马郢项目总体建筑规划设计

五、项目建筑设计成效

（一）内生动力效应逐步显现

马郢田园综合体建筑设计以农民创客为主角，以扶贫先扶智的方式鼓励新老村民创业，带动村民就业，为乡村发展提升内在动力。

①为创业者免费提供品牌及产品设计、空间改造设计、文创以及乡村建设理念讲解，如草莓种植户张海波在社区的帮助下拥有了自己的品牌——壹畦趣，通过包装设计、品牌内涵绿色种植理念的营造，成功实现品牌溢价，并对草莓园进行改造，成为游客追捧的草莓文化体验园。

②符合"马郢计划"理念的产品可免费使用"马郢计划"商标使用权，如归郢稻虾米、山溪里南瓜、读蔬的菜等都是根据马郢元素设计的相关马郢品牌。

③组建马郢乡创孵化器，为创客提供创意孵化场所，鼓励年轻人进入乡村，如马郢乡创学堂、创业者联盟等。

④定期召开"星空学堂"交流培训会，邀请高校老师、创业者、行业专家互相交流，答疑解惑，提供支持，如与安徽大学艺术学院全方位对接，举办线下讲堂，同时建立了乡创微信群，每天定期发布乡村创客动态和其他地方的优秀经验。

⑤积极帮助创客进行项目奖的申报。

（二）乡村旅游发展形式的多样化

马郢田园综合体建筑设计不仅可以看作长丰县发展乡村旅游的一种综合发展模式，而且是马郢社区建立的集约化高效发展的城郊活动规划区。该规划区包括文化节庆、乡村旅游休闲度假、农事体验、研学教育等板块，为向往田园生活的大众提供一片乐土。因此，马郢田园综合体建设始终强调将乡村资源的综合性开发放在第一位，明确了以乡村旅游为驱动产业，逆向带动田园第一、二、三产业融合发展的目标，着力打造集休闲娱乐观光于一体的综合产业。

①响应国家号召，打造新型传统节日。结合乡土人情，挖掘节庆活动文化，马郢已经连续举办多次乡村春节联欢晚会、丰收喜乐会、马郢小剧场活动、中华颂"小戏小品"，用国粹引领乡村文化发展，将乡村年味、农耕文化充分融合，打造新型传统节日。

②充分落实戏曲下乡政策，弘扬戏曲文化。打造乡村"戏曲小院"，招募戏曲爱好者和志愿者，成立戏曲社团，培养戏曲接班人。

③重视本土语言文化的挖掘与传承。将合肥传统歌曲《挖芋头》与马郢红薯

节相结合，打造《到马郢、挖芋头》主题歌曲；合肥网红"三哥"免费为马郢宣传代言带货，并担任马郢名誉村主任，充分挖掘发扬地方方言文化。

④深挖传统节庆文化，融合本土民俗风情。举办中秋拜月仪式、开展民俗论坛交流，打造"来马郢、过端午""来马郢、过大年""来马郢、逛大集"等系列文旅活动。

⑤农事体验、二十四节气学习。马郢与安徽环球文旅集团行知学堂合作，针对幼儿园、小学、中学、亲子游客群，结合马郢的在地旅游资源，挖掘乡土文化和农耕文化，设计开发系列农事研学和亲子体验产品，以农耕生活、二十四节气等传统文化为产品，为合肥市中小学生提供课外研学好去处。

（三）田园综合体模式发展效果显著

实践证明，从"马郢计划"到"马郢经验"再到田园综合体模式的构建，马郢人民用自己的双手架起了一座连接城市与乡村的桥梁：以乡村旅游为抓手，盘活壮大集体经济，让农业变得时尚，让农民成为职业，成功探索出了符合皖中乡村振兴的发展模式。至 2020 年，已接待游客达 20 万人次，吸纳本地 200 余名村民就业，带动农户直接经济收入近千万元，通过旅游扶贫带动 40 户贫困户通过创办农家乐、务工、销售农产品年均增收 100 万元。

第二节　案例二：虎凹欢乐茶谷项目

一、项目目标和优势

（一）目标群体

人群画像：年轻、有消费能力、追求品质。

人生的进阶阶段：摆脱单身、恋爱、组建家庭。

针对这一目标群体，依托虎凹自身特色，差异化打造一个静谧、浪漫的空间，为新婚者提供婚庆举办、蜜月度假等业态，构建一片自然里的浪漫栖息地。

（二）优势分析

1.环境优势

虎凹欢乐茶谷位于安徽省庐江县柯坦镇，拥有茶谷、树林、水库、民居四大优势资源，是一个风光独特、静谧、浪漫且具有品质的度假聚落。

2. 文化优势

（1）茶文化

茶文化内涵丰富，包括自然、健康、爱情、和而不同、和静怡真、美美与共等。

（2）传统习俗

茶被认为寓意着婚姻生活中的从一而终。明代郎瑛所著的《七修类稿》中写道："种茶下籽，不可移植，移植则不复生也。故女子受聘，谓之吃茶。又聘以茶为礼者，见其从一之义。"茶籽一旦种下就无法移植，否则茶树将不能生存，用茶叶作为聘礼，是希望恋人彼此能相伴一生。

（3）敬茶仪式

在现代婚礼上，向父母敬茶逐渐演变为表达对父母的尊敬、感谢父母养育之恩的仪式。同时，借由敬茶的机会，改口尊称对方的父母为爸爸、妈妈，作为婚姻生活的开端。随意改口不隆重，借由敬茶来改口，也会显得更有仪式感。

3. 市场优势

（1）婚庆市场发展趋势

借助婚庆市场发展趋势——婚庆＋旅游景区＋高端旅拍市场，着力发展虎凹项目。

①婚庆业竞争激烈，婚庆＋旅游景区成为新的旅游业态，新人们更愿意在景区办婚礼。

婚庆旅游是构建休闲旅游产业体系的重要环节，是促进产业升级的"钥匙"。

婚庆旅游产品有以下特点：服务要求高、目的地资源要求高、消费档次高、季节性强。

②高端旅拍：年轻人喜闻乐见的新玩法，将引领婚庆旅游市场的发展。

2021年，我国旅拍市场规模达到723亿元，预计2021—2025年年均复合增长率为11.26%，2025年将达到1108亿元。旅行目的地的发展能带动旅拍的发展，同时，旅拍也在反哺旅行目的地的发展。

据《2021腾讯摄影行业旅行跟拍洞察（2021年版）》可知，市场用户愿意为旅拍投入的平均费用为2673元，消费升级趋势明显。旅拍消费方式包括以下4种。

一是多场景消费：情侣是选择旅拍服务最多的人群，同时家人、亲子出游人群也是核心服务对象。

二是多地点旅行：在旅拍地点方面，53%的游客会选择热门目的地，47%的游客则会选择比较小众的目的地，表明旅拍有从热门目的地向小众目的地辐射的趋势。

三是多内容拍摄：旅行目的地的自然人文风景和美食是游客选择拍摄的主要内容，而娱乐类、探险类和动物类也是拍摄的内容。

四是多维度消费：旅拍除了基础的妆容和服装外，后期产出也是游客的关注重点，包括短视频、微电影、即时九宫格等丰富的形式。

（2）合肥婚庆市场现状

目前，排名前十的婚礼场地以酒店为主，户外婚礼场地只有两家在排行榜中，且品质一般、婚庆形式单一，缺少优质的户外婚礼场地。

①目前，合肥的婚礼策划公司主要与星级酒店合作，婚礼主题宴会酒店发展迅速。品牌婚礼策划公司正在持续发展，与合肥的星级酒店形成较为良性的市场合作氛围。合肥婚礼主题宴会酒店约占据婚宴市场份额的四分之一。

②户外婚礼市场尚未成型，缺少特色户外婚礼场地。在酒店以外的场地（如巢湖岸边、岭南村庄、崔岗艺术村等年轻用户喜欢的个性场地）举办婚礼成为新的趋势，但有特色的户外婚礼场地较少。

③目前合肥婚庆业消费额较高，现已形成"小巨人企业"。在合肥市，年接待新人量和营业规模超一般婚礼服务企业3倍以上、撬动产业链消费额在5000万元以上、从业员工数达50人以上的企业可被称为合肥婚庆业的"小巨人企业"。

（3）女性消费市场

旅游市场、产品在不断贴近新时代女性消费理念，满足"她经济"消费需求，"她经济"市场氛围年年火热。

携程网发布的《2022"她旅途"消费报告》指出：2021年，女性为旅游支付的人均花费高于男性33%；直播订单中女性下单占比为62%；在一个人说走就走的旅行中，户外女性人数也增长了50%。

途牛网的网监数据显示，女性游客出游人次的比例比男性高16%，出游意愿明显高于男性。携程网发布的"中国女性出游意愿及行为报告"也显示，旅游消费在2万元以上的女性占比38%，7成以上女性每年旅游消费超1万元，女性比男性更愿意在旅游上花钱。

"她经济"成为近年来的持续热词。由女性主导的消费力量正影响着各行各业，"她旅行"便是女性消费力在旅游行业中的具体表现，如图6-2、图6-3所示。

图 6-2   "她独享体验"

图 6-3   "她和她欢欣体验"

二、项目建筑定位

（一）主题定位

虎凹欢乐茶谷的欢乐表现为爱情美满、亲子同乐以及与老友品一杯清茶的惬意。

虎凹欢乐茶谷项目的主题定位于以茶为核心、以欢乐为主调。

（二）发展定位

虎凹欢乐茶谷是区别于城市酒店的以山坳、山林、茶园、湖水、溪流为背景依托的高端度假集群，注重人回归自然的本真，亲近自然，主要分为以下聚落。

①以家庭为基础的茶园休闲体验、户外游乐、家庭聚会的温馨聚落。

②以情侣、新婚市场为核心的浪漫约会、打卡拍照、婚事举办的浪漫聚落。

③以友人小聚、商务休闲为特色的静心闲聊、商务接待、社群聚会的品质聚落。

三、项目建筑规划设计

虎凹欢乐茶谷项目的两个主题聚落分别是以茶为中心，高端、静谧的茶文化体验聚落，以及以湖为中心，开放、充满活力的滨湖度假聚落。

（一）茶文化体验聚落

茶文化体验聚落是坐落在茶山上、掩映在茶田里的特色休闲体验空间。

1. 茶文化组团平面布局

茶文化组团平面布局如图 6-4 所示。

图 6-4 茶文化组团平面布局

2.茶文化组团片区

（1）山谷花溪

围绕茶舍、多功能厅、婚礼殿堂，结合现有水面打造溪水景观，提高区域小环境，如图 6-5 所示。

图 6-5　山谷花溪

（2）颐静湖

湖两侧以植物造景为主要设计手法，选用庐江县适宜的乔灌木，突显虎凹的生态特色，如图 6-6 所示。

图 6-5　颐静湖

（3）乡村风格院落

茶舍的院落景观是乡土结合的形式，偏自然、生态化，但又独具特色，如图6-7所示。

图 6-7　茶舍院落

（4）多功能厅

多功能厅是能与户外景观进行交流的沉浸式茶园书屋，将户外的景观引入室内，将室内的空间延伸到户外，创造高品质的阅读体验。

多功能厅 1、多功能厅 2、多功能厅 3，如图 6-8、图 6-9、图 6-10 所示。

图 6-8　多功能厅 1

图 6-9   多功能厅 2

图 6-10   多功能厅 3

（5）婚礼殿堂

景观结合建筑打造特色婚礼殿堂，烘托喜庆、温馨、美满的氛围，如图 6-11 所示。

（a）近景

（b）远景

图 6-11　婚礼殿堂

（二）滨湖度假聚落

滨湖度假聚落是融滨湖湿地景观、庆典草坪、儿童探险乐园、林下木屋、滨湖营地于一体的滨湖组团片区。

①在林地中，设计一个儿童探险园及器械乐园，用于加强孩子与自然的联系，兼具娱乐性与冒险性。

②在水库旁，设计综合服务楼庆典草坪、滨湖营地、游客码头等，让游客可以体验到更多的旅游产品。

1. 分平面布局

分平面布局——滨湖度假聚落，如图 6-12 所示。

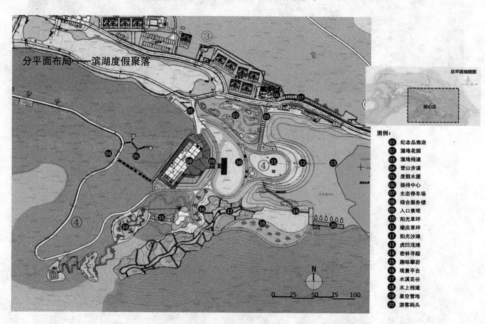

（a）平面图

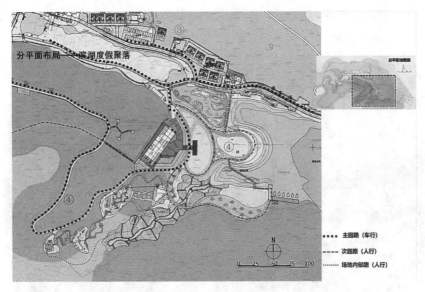

（b）道路

图 6-12　分平面布局——滨湖度假聚落

2. 滨湖组团片区

滨湖组团片区设有接待中心及停车场和滨湖木平台。

（1）接待中心及停车场

接待中心及停车场如图 6-13 所示。

图 6-13　接待中心及停车场

（2）滨湖木平台

滨湖木平台如图6-14所示。

图6-14　滨湖木平台

（3）综合楼前广场

综合楼前广场结合地形地势，整体塑造综合服务楼外景观，打造有意境的休闲空间，使游客融入其中，感受茶谷的自然氛围，如图6-15所示。

图6-15　综合楼前广场1

综合楼前广场的设计利用较自然的材质元素，自然化、精致化打造具有品质的游客休憩空间，如图 6-16 所示。

图 6-16　综合楼前广场 2

（4）滨湖沙滩

滨湖沙滩位于滨湖中心区域，设置了阳光草坪，在夜晚可以来这里看一场水幕电影，收获沉浸式光影体验，如图 6-17 所示。

图 6-17　滨湖沙滩

（5）湿地花园

湿地花园如图 6-18 所示。

图 6-18　湿地花园

（6）滨湖营地

滨湖营地是在滨湖区域的开阔地块设置的一片营地，受洪水期水位影响，可以打造临时帐篷营地以及举办较大型的活动，如图 6-19 所示。

图 6-19　滨湖营地

（7）帐篷营地

帐篷营地如图 6-20 所示。

图 6-20　帐篷营地

（8）游客码头

游客码头的设计选用了防腐木材质，游客可以进行水上娱乐活动，如图 6-21 所示。

图 6-21　游客码头

（9）儿童游乐区

①古茶树屋如图 6-22 所示。

（a）远景

（b）近景

图 6-22　古茶树屋

②树冠冒险如图 6-23 所示。

图 6-23　树冠冒险

③茶宠精灵之家如图 6-24 所示。

图 6-24　茶宠精灵之家

④云雾乐园如图 6-25 所示。

图 6-25　云雾乐园

（10）水溪花谷

水溪花谷如图 6-26 所示。

（a）远景

（b）近景

图 6-26 水溪花谷

第三节 案例三：故乡的茶

一、项目概况

项目地位于安徽省六安市金寨县下辖镇，地处金寨县东南部、响洪甸水库上游的西岸油坊店乡。距县城金寨约 35 km，距沪汉蓉高速铁路金寨站约 18 km，是天堂寨旅游黄金专线的必经之地。

地块被山体环抱，地势北高南低，场地中有自然水系穿过。地理优势得天独厚，环境优美，生态自然。设计的目的是将此地打造成一个集会议、居住、餐饮、休闲于一体的综合民宿度假空间。

二、项目建筑设计理念

环境优美，产业特色鲜明，主要以"茶"为设计元素，突显乡村振兴为魂的理念，景观以茶叶艺术种植为主，建筑就地取材，主要采用当地的竹、石、木，体现特有性，建筑风格现代而不脱离乡村气息，以"故乡的茶"为民宿名，引起人们的向往与对未来的期许。

三、项目建筑设计方案

（一）总平面图与效果图

1.总平面图

总平面图如图 6-27 所示。

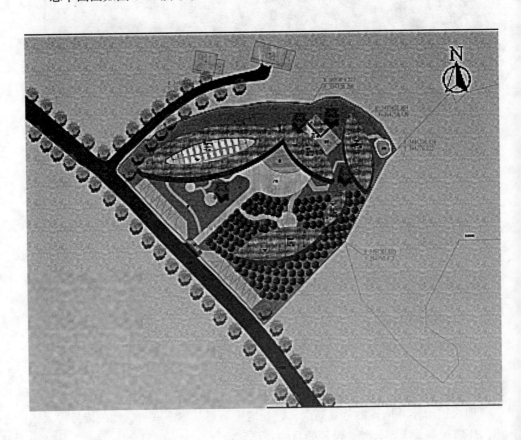

图 6-27　总平面图

2. 效果图

效果图如图 6-28 所示。

（a）整体效果

（b）主楼

（c）休闲区

（d）休息区

图 6-28　效果图

（二）规划方案

1. 流线分析方案

流线分析方案如图 6-29 所示。

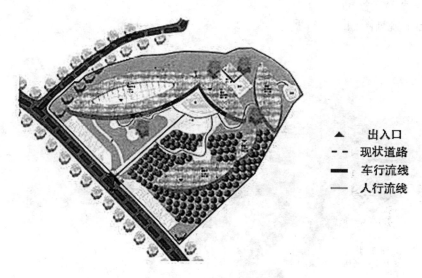

图 6-29　流线分析方案

2. 停车分析方案

停车分析方案如图 6-30 所示。

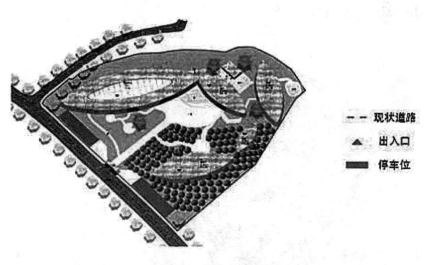

图 6-30　停车分析方案

3. 强电规划图

强电规划图如图 6-31 所示。

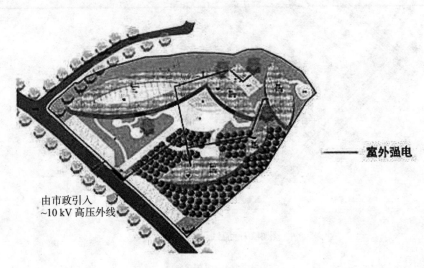

—— 室外强电

由市政引入
~10 kV 高压外线

图 6-31　强电规划图

4. 弱电规划图

弱电规划图如图 6-32 所示。

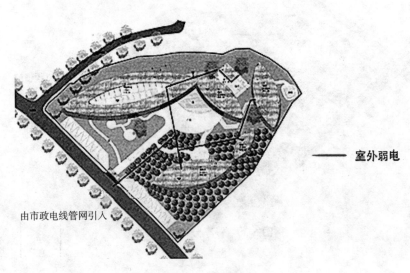

—— 室外弱电

由市政电线管网引入

图 6-32　弱电规划图

第四节　案例四：郎溪茶产业园

一、项目概况

（一）项目名称

长三角一体化发展——郎溪县涛城镇茶旅文化融合发展示范区基础设施（乡村振兴）建设——庆丰茶产业园基础设施工程项目，简称庆丰茶产业园项目。

（二）地理与交通区位

庆丰茶产业园项目位于安徽省宣城市郎溪县涛城镇镇域北部，202省道东南侧，高速公路出入口 1.5km 处。

庆丰茶产业园对外交通方便：通过南侧的庆丰绿道可至郎溪县县城，车程约9 min；往南通过 202 省道可至涛城镇，车程约 6 min；往西南可上溧宁高速，车程约 1 h，往北接至溧阳市，往东南接至广德市，往西南接至宣城市。

（三）气候条件

庆丰茶产业园项目所在的涛城镇属于典型的亚热带湿润季风气候，四季分明，气候温和，雨量充沛，日照充足。年平均气温约 15.9 ℃，无霜期约 241 天，年日照时数约为 2 100 h，多年平均降雨量约 1 200 mm，主要集中在 5—9 月份，占全年降雨量的 60% 以上，多年平均径流深 500 mm，多年平均蒸发量为 1 532 mm。

二、项目建筑基地分析

（一）规划基地范围解读

庆丰茶产业园项目基地分为远期规划用地与近期建设用地两部分，其中近期建设用地红线面积约 35 428.60 m² （约合 53.14 亩），为该项目详细规划的设计范围。远期规划用地为 22.27 公顷（约合 334.05 亩），不作为该项目规划重点。

根据《涛城镇庆丰村"315"示范工程品牌村创建全域规划》可知，该项目居于农创旅居片区中的茶文化园节点，整个茶文化园规划用地面积约 258

563.03m²（约合387.84亩），该项目近期建设用地约35 428.60 m²（约合53.14亩），占茶文化园用地约14%，属于整个茶文化园之先期开发项目。

（二）基地现状解析

1. 土地利用现况

该项目基地原为村办企业庆丰村老坛子厂旧址，厂房建筑现已废弃。厂房周边用地性质为村镇建设用地，现无其他建设项目。

2. 对外交通条件

该项目基地北面现有两个出入口，作为主出入口接至202省道；基地南侧在远期规划用地内修建机耕道路与庆丰绿道相连接。

3. 地形地貌分析

规划基地范围内地形基本平坦，北部地势相对较高，最高点高程约为44.20 m，东部、西部和南部地势相对较低，最低点高程约为39.13 m。大部分为缓坡，带有少量陡坡，地形大部分为阳坡。

三、项目建筑规划目标

（一）项目定位与规划目标

1. 项目定位

庆丰茶产业园项目基础设施工程定位为打造集绿茶生产交易、茶企加工孵化、冷链物流示范、商务公展交易、郎溪文化展示、绿茶文旅体验、产业教学展示、茶品科技研发等多种功能于一体的郎溪茶业精品示范产业园与产学研合作综合体。

2. 规划目标

通过前期规划、中期建设以及后期运营，拟将该项目逐步发展成为具有多个功能的能够辐射长三角茶产品的交易中心。具体来说就是要整合安徽、江苏地区的资源，立足长三角，以茶叶为拳头产品向周边辐射，最终形成长三角较大的茶产品信息中心、需求中心、供给中心、安全中心、展览中心、茶叶交易中心，建成具有一定规模且技术、理念先进的茶产品交易产业园。

（二）上位（相关）规划衔接

1. 土地利用

根据《郎溪县县城总体规划（2012—2030）2018年修改》《涛城镇总体规划（2012—2030年）2018年修改》两份上位规划，项目用地位于城镇开发边界内。根据《涛城镇庆丰村"315"示范工程品牌村创建全域规划设计》可知，项目的用地性质为村庄建设用地中的村庄生产仓储用地。

2. 产业衔接

根据《涛城镇总体规划（2012—2030年）2018年修改》中的产业发展规划：第二产业以现状保留为主，集中成片地分布于涛城镇区，规划重点引导现状工业企业转型升级，从工贸向商贸服务转型。该项目是保留第二产业并进行转型的具体实践。

根据《涛城镇庆丰村"315"示范工程品牌村创建全域规划》可知，茶产业是庆丰村的支柱产业，项目规划要以打造"农工贸旅一体化、产加销服一条龙"的全产业链为目标。该项目居于农创旅居片区中的茶文化园节点，茶文化园定位为集销售、展示、文创、休闲和生产功能于一体。该项目定位为打造一个集生产加工、科技示范、信息交互以及文化展示、旅游观光于一体的茶文化综合产业园区，是对上位规划产业定位的延续和深化。

3. 交通衔接

项目用地西侧与北侧与202省道相邻，《涛城镇总体规划（2012—2030年）2018年修改》中西侧的202省道是祥花路城镇发展轴的一部分，北侧相邻段的202省道是涛城镇旅游大道的组成部分。沿202省道向南连接迎宾路，与郎溪县城市功能区相连接。

根据《涛城镇庆丰村"315"示范工程品牌村创建全域规划》可知，项目用地南侧的庆丰绿道向东延伸为祥下路，串联东侧的其他景区，是村内最重要的交通景观轴线。

4. 环境保护

根据《涛城镇总体规划（2012—2030年）2018年修改》，水环境质量指标按国家《地表水环境质量标准》（GB 3838—2002）控制，涛城镇的水环境质量整体达到Ⅱ类地表水水质标准；大气环境执行《环境空气质量标准》（GB

3095—2012）中的一级标准；声环境执行《声环境质量标准》（GB 3096—2008）中的 2 类标准；固体废弃物处置率达到 100%，垃圾、粪便无害化处理率达到 100%。

四、项目建筑规划设计

（一）建筑设计依据

1. 国家与地方法律法规

《中华人民共和国城乡规划法》（2019 年版）；

《中华人民共和国环境保护法》（2014 年版）；

《中华人民共和国环境影响评价法》（2018 年版）；

《规划环境影响评价条例》（2009 年版）。

2. 部门规章与行业标准

《城市规划编制办法》（2006 年版）；

《工程建设标准强制性条文（城乡规划部分）》（2013 年版）；

《工程建设标准强制性条文（房屋建筑部分）》（2013 年版）；

《建筑工程施工强制性条文实施指南》（第二版）；

《2009JSCS 全国民用建筑工程设计技术措施——规划·建筑·景观》；

《建筑工程建筑面积计算规范》（GB/T 50353—2013）；

《城市规划制图标准》（CJJT 97—2003）；

《城乡建设用地竖向规划规范》（CJJ 83—2016）；

《环境空气质量标准》（GB 3095—2012）；

《生活饮用水卫生标准》（GB 5749—2006）；

《城镇污水处理厂污染物排放标准》（GB 18918—2002）；

《生活垃圾收集站建设标准》（建标 154—2011）；

《城市道路工程设计规范》（CJJ 37—2012）；

《城镇道路路面设计规范》（CJJ 169—2012）；

《城市工程管线综合规划规范》（GB 50289—2016）；

《室外排水设计标准》（GB 50014—2021）；

《建筑设计防火规范》（GB 50016—2014）；

《建筑与市政工程无障碍通用规范》（GB 55019—2021）；

《汽车库、修车库、停车场设计防火规范》（GB 50067—2014）；

《民用建筑统一设计标准》（GB 50352—2019）；

《公共建筑节能设计标准》（GB 50189—2015）；

《展览建筑设计规范》（JGJ 218—2010）；

《饮食建筑设计标准》（JGJ 64—2017）；

《工业项目建设用地控制指标》（国土资发〔2008〕24号）；

《工业建筑节能设计统一标准》（GB 51245—2017）。

3.其他相关国家、地方法律法规及行业技术标准

《安徽省工业项目建设用地控制指标》（皖国土资〔2012〕92号）；

《安徽省海绵城市规划设计导则（试行）——低影响开发雨水系统构建（2015）》；

《宣城市城市规划管理技术规定》；

《宣城市工业固体废物污染防治管理办法》。

（二）建筑设计原则

1.效益

（1）统筹发展

统筹发展生产加工、示范展示与科普观光各项功能，进一步带动周边产业的协同发展，提升项目建设效益。

（2）便于操作

园区建设要求高、项目多、涉及领域广、资金投入量大。项目建设不仅要按轻重缓急统筹安排、一次规划、分期分项实施；而且需要社会各方面的大力协作和共同努力，才能把其建设和管理好，满足分期建设和长远持续运营的需要。

2.自然

（1）生态优先

良好的生态环境是园区建设的必要前提和基础，坚持发展生产与保护资源、生态、环境相结合，大力发展洁净工业以维护整体生态环境。

（2）绿色园区

通过水循环、绿色建筑、海绵城市等方面践行绿色园区发展理念。

3.人文

（1）特色多元

在满足生产研发需求的前提下，尽可能满足多元化功能需求，同时提供文化和艺术活动的建筑与场地，展现园区的特色与魅力。

（2）地域风貌

在园区整体风貌的导向方面，力求将徽派传统文化的意蕴传达出来。

（3）个性景观

在确保基地风貌整体协调的基础上，通过个性化景观和环境设计，强调乡村独特的视觉体验和空间可识别性。

（三）建筑设计策略

1.四大平台，锻造品牌

该项目承载着塑造郎溪绿茶品牌的责任，品牌的塑造需要产品、文化、人才及面向大众的衍生产品协力合作，构建产业综合体，催生与助力品牌的塑造。

2.纵横发展，以产为核

形成以绿茶产业为原点的纵、横双向发展。纵向进行产业拓展，横向进行产业的"商旅服研"的业态延伸，从而构建以产为核的"产商旅服研"五大业态复合体系。

3.产业优先，由外及内

优先建设绿茶产业基础板块，逐步向内建设，通过组织各类空间，形成北产、南拓、西旅的空间布局。

4.产旅结合，前街后厂

打破既有的产业观光旅游模式，对传统的观光工厂进行迭代升级，将文旅体验业态和生产加工车间进行空间结合，形成前街后厂的空间特色，使游客获得最佳观光体验。

（四）建筑结构与功能分区

1.建筑规划结构

规划依托基地周边环境条件、加工生产需要以及建设用地分布等要素，形成"两轴、一环、四片区"的规划结构。

"两轴"：南北向的文化展示轴，贯穿入口广场、茶文化展示馆，接至商业体验轴，为茶文化产业园的门面。东西向的商业体验轴，作为茶厂展示产品的商业街，吸引游客消费，创造园区营收。

"一环"：基地周边围绕着一圈生产运输动线，与游客动线分开，人车分流，减少干扰。

"四片区"：整体规划分为入口广场区、产业展示区、生产加工区、鲜叶交易区，其中产业展示区、生产加工区为近期建设区，入口广场区、鲜叶交易区为远期规划区。

2. 建筑功能分区

入口广场区位于场区南侧，连接进场道路。区域规划有入口广场、机动车停车场、大客车停车场等，满足游客的交通停车、聚集拍照等需要。

产业展示区位于场区南侧，规划出一栋茶文化展示馆，便于来访师生进行产业教学活动。文化展示馆的功能包含茶文化展示、影片放映、餐厅、快递收发、物业办公、公共卫生服务等。

生产加工区位于场区北侧，生产运输道路环绕周围，方便场区内部的车辆、物料流动。商业街贯通其中，与厂房店面相接，与生产动线分隔，打造人车分流的环境。

鲜叶交易区位于生产加工区东南侧。区内布置有鲜叶交易棚，各棚紧密布局。中间为车道，有利于茶叶的堆放、运输，减少运送车辆的运输距离，提高厂区的运输效率。

（五）建筑总平面规划

1. 总平面规划

近期建设区总平面规划有两大分区：产业展示区、生产加工区。产业展示区由茶文化展示馆及两栋大厂房组成，其中，茶文化展示馆除了展示功能外，还包含餐厅、茶吧、公共卫生服务、物业办公、快递收发、消防控制、园区设备存储等功能。两栋大厂房除了生产加工外，还包含加工展示功能。整个分区采用对称式布局，中间景观轴线贯通，接至北侧的生产加工区。

生产加工区由5栋大小不同的厂房组成，每栋厂房由多个单元组合而成，有效减少单元造价。厂房围绕着商业街，形成前街后厂的形式，外围环绕着一圈生产动线，作为生产运输路线，减少游客与车辆的动线交集。

2. 建设项目汇总

建设项目汇总如表 6-2 所示。

表 6-2　建设项目汇总

编号	建设项目	基底面积 /m²	建筑面积 /m²	建筑高度 /m
1	厂房	1 059.66	3 178.98	12.8
2	厂房	1 059.66	3 178.98	12.8
3	厂房	2 603.86	6 375.58	12.8
4	厂房	2 496.96	7 490.88	12.8
5	厂房	1 670.76	5 012.28	12.8
6	厂房	2 466.36	7 399.08	12.8
7	厂房	1 854.36	5 563.08	12.8
8	茶文化展示馆	9 91.53	3 216.28	13.5
合计	—	14 203.15	41 415.14	—

（六）主要建筑系统规划

1. 道路交通系统规划

园区交通系统包括生产动线和游客动线两部分。其中，生产动线由茶叶运输流线、鲜叶交易区组成；游客动线由入口广场、茶文化展示馆、商业街组成。生产动线和游客动线交通各自独立，互不干扰。

（1）对外衔接

园区总计设置 3 处出入口，南侧的主要出入口为礼仪入口，通过新建道路与庆丰绿道相接；北侧的生产车辆入口通过现有辅道与 202 省道相接。礼仪入口设置移动式岗亭，生产车辆入口设置闸机。鲜叶出入口设置消毒池，方便车辆消毒。各厂房设置独立场地。

（2）道路系统

场区道路及出入口设置需满足场区生产需要、保证消防安全、避免净道与污道的交叉。道路与建筑物呈长轴形垂直分布，生产动线与游客动线不交叉；场区内路面坡度控制在相关规范允许的范围内，并满足排水要求；道路两侧设有排水沟及绿化带，保证在各种气候条件下通车并防止扬尘；厂区道路宽度约 7 m，环形布置，兼做消防车道。设计道路转弯半径不小于 9 m，满足普通消防车辆的通行需要。

2. 消防系统规划

①室外消火栓系统：应结合整个园区统一考虑，在 DN200 消防管环网上接出室外消火栓，沿道路不大于 120 m 处均匀布置，消火栓距路边≤2 m。园区室外消火栓管网上设有检修阀门，由阀门将环管分成若干段，每段内室外消火栓的数量不超过 5 个。

②室内消火栓系统：按照任一点应有两股水柱保护的原则设置室内消火栓。消火栓系统直接取水自室外埋地敷设的园区室内消防管网。

③灭火器系统：按照《建筑灭火器配置设计规范》（GB 50140—2005）设置移动式灭火器。

④埋地消防给水管道采用钢丝网骨架聚乙烯复合管。室内消防管道采用内外壁热镀锌钢管。

3. 景观与绿地系统规划

景观及绿地依照两轴两片区的结构规划，其中分为文化展示轴及产业展示区、商业体验轴及生产加工区。

（1）文化展示轴及产业展示区

该区作为园区的主要部分，是最重要的景观展示窗口，体现了整个基地的景观风貌和精神。该区的植物种植既要体现基地的场地文化、场所精神，又要展示主要出入口的礼仪性、景观性。植物种植要求简洁、大气、庄重、美观。

（2）商业体验轴及生产加工区

该区分为两个部分：商业街景观及厂房内景。商业街植栽注重点缀，丰富商业街的自然元素，缓解压迫感。

厂房内景为厂房拥有者对内展示的配景，应栽种讲究意境以及四季特点分明的植物，作为厂商形象的展示空间。

4. 生态环境保护规划

（1）生态环境保护策略

①加强环境保护监督检查，完善环境保护程序。

②建立环境安全预警系统，提升应对重大环境突发事件的能力。

③建立污染源数据库，强化污染物排放总量控制措施。

④建设污水处理设施，完善配套管网，提高污水收集和处理效率。

⑤完善生产生活垃圾无害化收集、处理系统，加强危险废物管理。

⑥区域协调，通过构建循环农业模式降低种植、养殖对环境造成的不利影响。

（2）建设项目环境管理

根据《中华人民共和国环境影响评价法》（2018年版），建设项目应严格执行环境评价制度，严格控制对环境造成不良影响的项目进入。

①污水处理措施。由于茶叶生产工艺的特殊性，规划区域内以生活污水为主，生活污水无法纳入城市污水处理厂，需自建污水处理装置，根据建筑排布情况，设置一座埋地式污水处理装置，生活污水经污水管网汇流后经污水处理装置处理并消毒，水质达到一级排放标准［《城镇污水处理厂污染物排放标准》（GB 18918—2002）］后将再生水用于绿化浇洒和道路场地冲洗，严禁排向场地北侧的城市水源保护地。

②废弃物处理措施。固体废弃物的处置严格执行《中华人民共和国固体废物污染环境防治法》（2020年版）和《一般工业固体废物贮存和填埋污染控制标准》（GB 18599—2020），综合利用固体废弃物，减少废物产生量。

③空气处理措施。大气环境执行《环境空气质量标准》（GB 3095—2012）中的一级标准。

④噪声处理措施。声环境执行《声环境质量标准》（GB 3096—2008）中的2类标准。

5. 环卫工程规划

（1）机构设置

规划结合垃圾转运站设置基层环卫站1个（含环卫工人作息点），建筑面积约50平方米。

（2）公共卫生间

规划结合茶文化展示馆底层设施布置公共卫生间1处，服务半径约200 m。

（3）废物箱

规划废物箱沿基地环形车行路100～200 m间隔设置。

6. 综合防灾与公共安全规划

①为保证公众安全，规划在茶文化展示馆底层结合消防控制室设置防灾应急指挥中心1处。

②结合基地道路系统，规划疏散通道和集中疏散场地（疏散服务半径300～500 m，人均疏散面积≥4 m²）。

③规划在主入口靠近茶文化展示馆底层区域设置安全保卫值班室。

7. 竖向规划与土石方平衡

（1）场地竖向规划原则

竖向规划尽量结合整治后的现状高程关系，确定场地、道路、建筑物室内地坪等高程，实现防洪排涝、工程管网布线、与周边现有道路衔接等功能，最大程度减少土方工程量并争取就近平衡。注：除特别注明外，竖向规划高程均采用1985国家高程基准。

（2）场地高程

整治后的场地高程呈北高南低状，北部地势较高，约为44.20 m；西南角地势较低，约为39.13 m。

（3）道路高程

道路坡度设计标准按照《城市道路工程设计规范》（CJJ 37—2012），并参照其他设计相关标准，最小纵坡坡度不小于3%，最大纵坡坡度控制在4%以内，绝大部分坡度在3%～4%的范围内，符合有关标准。

（4）土方工程

园区实施总体土方平衡。

（七）主要建筑基础设施规划

1. 供能工程（新能源应用）规划

为实现传统能源需求最小化，应积极规划利用可再生能源。规划太阳能设置：太阳能热水系统，提供生活热水；太阳能光伏路灯，提供日常照明。

2. 给水系统规划

（1）规划依据

《城市给水工程规划规范》（GB 50282—2016）；

《室外给水设计标准》（GB 50013—2018）；

《城镇污水处理厂污染物排放标准》（GB 18918—2002）。

（2）规划原则

近远期相结合，合理确定规划区的供水规模。

供水干管与整个园区的市政主供水管网两点相接，布置成环状管网，确保区域供水安全。

供水水质和水压应符合国家和行业相关标准。

依托技术进步，实现水资源的有效利用。

（3）规划目标

充分利用水资源，做到开源节流。

优化管网系统，保障供水安全。

合理进行管网布置，降低水量损耗。

（4）规划水源

供水水源规划由整个园区的市政主供水管供给，再设置地下消防水池及泵房，储备消防用水，供茶园建筑物消防使用。

（5）用水量预测

①用水量指标。根据《城市给水工程规划规范》（GB 50282—2016），用水指标按建筑面积及人员用水量指标计算：

生产办公类指标：50 L/人·日。

商业餐饮类指标：10 L/m^2·日。

文化娱乐类指标：5 L/m^2·日。

②规划区日用水量预测，如表6-3所示。

表6-3 规划区日用水量预测

建筑类别	规格	单位用水量	总用水量/m^3·日$^{-1}$
生产车间、办公室	160人	50 L/人·日	8.0
商业餐饮	954 m^2	10 L/m^2·日	9.5
文化娱乐建筑	2 225 m^2	5 L/m^2·日	11.1

（6）水质与水压

水质达到国家《生活饮用水卫生标准》（GB 5749—2006）的要求，建立和完善水质监测系统，加强管网水质监测。

（7）生活供水规划

由引入的市政主供水管网直接给用水设施供水，如因地形情况，供水管网接入茶园后,供水水压无法满足建筑物高区的用水设施要求,则应设置生活水泵房,并设置加压设备,满足建筑物高区的用水需求,建筑物低区用水由市政主供水管网直接供给。

（8）生活热水规划

在有热水需求的茶文化展示馆设置太阳能热水系统,为餐饮系统等提供热水。

（9）消防供水规划

该项目规划有室外消火栓系统、室内消火栓系统、自动喷淋系统,室外消火栓系统与市政供水共用管网。在茶文化展示馆设置地下消防泵房、室内消火栓系统、自动喷淋系统。室外消火栓沿道路布置,间距不应超过120 m。消火栓保护服务半径不大于150 m。

规划区给水管网沿规划道路铺设给水管。给水管道在道路下方,车行道下覆土厚度约1.0 m,人行道下覆土厚度约0.7 m。

（10）节水规划

推广开发使用新水源,提高再生水使用率,提倡雨水收集利用;加快规划区的管网建设速度,减少管网漏水率,提高管网可靠性;推广使用节水器具和设备。新建建筑内必须安装节水型用水器具和设备。

（11）供水安全规划

在供水管道之间设置连通管,增加保供概率。规划结合雨水利用,提高水资源利用率,减少对自来水总量的需求,缓解供水压力。

（12）水喷雾降温系统

在主要旅游线路和出入口处设置水喷雾降温设施,水源从就近生活给水管引来。

3. 污水系统规划

（1）规划依据

《城市排水工程规划规范》（GB 50318—2017）;

《室外排水设计标准》（GB 50014—2021）;

《给水排水设计手册》（第三版）。

（2）规划原则

完善污水管网系统,提高污水收集效率。结合新建道路工程,同步布设管网,做到近远期相结合。污水收集与用水排放、防洪工程等专项协调,统筹规划。

（3）规划目标

实现片区内的雨污分流，提高污水处理率。扩大污水管网覆盖面积，提高各污水支管接通率。尽量避免污水直排入水体，提升环境质量。

（4）排水体制

规划区排水体制采用雨污分流制。

（5）污水量预测

①规划指标。生活污水排放系数取 0.9，污水集中处理率 100%。

②污水量。根据规划区日用水量预测，生活用水量约为 28.6 m^3/日，则规划区平均日污水量为 28.6 m^3/日 × 0.9 ≈ 25.7 m^3/日。

（6）污水设施规划

规划区域内生活污水无法纳入城市污水处理厂，需自建污水处理装置，根据建筑排布情况，设置一座埋地式污术处理装置，生活污水经污水管网汇流后经污水处理装置处理并消毒，水质达到一级排放标准（《城镇污水处理厂污染物排放标准》GB 18918—2002）后将再生水用作绿化浇洒和道路场地冲洗，严禁排向场地北侧的城市水源保护地。

（7）污水管网规划

规划区域内污水总量较小，道路下规划污水管，管径均为 D300。

4.雨水系统规划

（1）规划依据

《城市排水工程规划规范》（GB 50318—2017）；

《室外排水设计标准》（GB 50014—2021）；

《给水排水设计手册》（第三版）。

（2）规划原则

高水高排，低水低排，尽量顺坡排水。

近远期结合，分期实施。

（3）规划目标

增加管网重现期，一般地区为 3 年。重要区域或短期积水即能引起较严重后果的区域为 5 年。

建立完善的排水系统，使雨水顺畅排出，应满足如下要求：日降雨 100 mm，雨停后 4 h 重要区域基本无积水；日降雨 150 mm，重要区域不成灾。

实现雨污分流。

（4）规划方式

规划充分利用地形布置雨水管道和雨水沟渠，保证排水的通畅和美观。规划区雨水管和雨水沟以收集道路及场地雨水为主，兼顾部分建筑的雨水排放。规划区域所收集的雨水除收集至雨水收集回用池外，多余的雨水均往场地周边低处排放，排出本规划区域。

（5）雨水利用规划

雨水利用规划作为节水和环保工程，应尽量维持自然的水文循环环境，通过雨水收集利用，增加现有雨水管网重现期。消减规划区洪峰，提高排水安全性，减小供水压力。

①雨水利用系统方式。雨水利用主要采用三种方式：地面入渗、收集回用、调蓄排放。

地面入渗：利用绿地、非铺砌地面、部分透水的台阶面、庭院及交通道路等渗水。地面入渗主要以自然入渗为主，适合用水径流量不大、土壤透水性良好的场所。

收集回用：对雨水进行收集、储存、水质净化，把雨水转化为产品水，替代自来水使用，用于观赏水景和绿化浇洒等。

调蓄排放：减小雨水排放的流量峰值，延长排放时间。

②雨水利用系统选择。雨水利用系统的形式、各个系统负担的雨水量，根据工程项目的具体特点经技术比较后确定。地面雨水优先采用地面入渗，屋面雨水采用地面入渗、收集回用或二者相结合的方式。为削减洪峰、迅速排干场地的雨水，规划采用调蓄排放系统。

5. 电力系统规划

（1）电力现状

目前的规划范围内主要为农业用地，用电较少，用电水平不高。

（2）规划原则

规划提倡基地采用太阳能等新型能源发电系统。可超前规划建设，分期实施。

（3）负荷预测

根据茶叶生产示范区的工艺设备负荷、照明负荷及部分区域空调负荷，采用单位建筑面积负荷指标法进行预测（如表6-4所示），厂房工艺设备电容量由甲方提供。

表 6-4　规划区用电量预测

建筑类别	建筑面积 /m²	用电负荷指标 /W·m⁻²·日⁻¹	用电负荷 /kW
茶文化展示馆	3 178.78	120	381
厂房照明	34 787	15	522
冷库	200	—	200
厂房工艺设备	—	—	6 000
室外用电（含充电桩）	—	—	100
总用电负荷	—	—	7 203

（4）负荷等级

计算机网络、茶叶生产示范区重要负荷及消防负荷为一级负荷，其余均为三级负荷。

（5）设施规划

规划采用二路 10 kV 电源供电，供电电源从大园区 10 kV 开闭所引来，规划在 3 厂房北面设置一座 10 kV 变配电所给各厂房供电，变配电所容量为 6 400 kVA，设置 4 台 1600 kVA 变压器。低压侧设有联络开关，必要时可手动切换，实行经济运行。

（6）线网规划

10 kV 和 380 V 的室外电力电缆均采用排管埋地敷设。电力线路过马路处与其他专业管道、道路交叉处设置保护措施。

（7）电缆选型

变配电所 10 kV 进线电源电缆采用 YJV-10 kV 电缆，至各建筑 380 V 放射状敷设电缆，采用 YJV-1 kV 电缆。

（8）道路照明

规划交通性道路两侧路灯均采用直埋电缆，路灯控制采用光控或时控装置。规划基地内道路照明系统采用太阳能结合风能的新型生态环保路灯。

（9）其他

对 10 kV 系统中各开关、各变电所低压侧总开关、联络开关的工作状况和故障跳闸进行监视和报警；对 10 kV 侧各电流、电压、功率因数、电能进行集中测量；并对 10 kV 侧的接地故障进行集中监视和报警。

6.通信系统规划

①电信现状：规划基地内现有少量的电信线路架设。

②线网规划：规划沿主要交通道路敷设电信缆沟，满足敷设各种弱电线路的需要。主要的通信系统包括固定通信、移动通信以及其他各种信息系统。

③语音通信及数据传输网络系统：茶叶生产示范区的语音通信系统和数据主干光缆从主干道引来，在茶文化展示馆内设置弱电机房，厂房的弱电系统从这里引出。根据业主提供的资料，本区域无线通信已经有中国移动和中国联通网络覆盖，不另规划。

④数据传输网络系统设计：示范区局域网网络功能包括支持宽带多媒体业务，如远程实时教学、视频会议、视频点播、多媒体网络教室、电子图书馆等；为科学研究提供先进平台，如可视化计算、计算机协同作业、虚拟现实、计算机仿真、远程计算机及数据处理等；支持厂房数据采集、环境监测数据采集等；为学术交流提供良好的环境，与中国教育和科研计算机网、中国公用计算机互联网等进行高速互连。快速访问互联网，与国内外交流信息、协调工作和展示形象等；局域网采用星形拓扑结构，总服务器设在茶文化展示馆，在厂房设置二级服务器，除楼内数据传输速率提高外，与示范区内各计算机终端进行数据传输更快捷；考虑到性能价格比关系及以后的升级和维护，规划网络硬件配置选择千兆以太网作为主干网络技术。采用 TCP/IP 协议族作为网络的主要通信协议，同时支持其他主要网络协议；主干传输介质均采用光缆传输，对于主要用户和信息点实现光缆到桌面或末端，特别是对于厂房内区域距离远的数据传输直接采用光纤到末端点。

⑤火灾自动报警系统设计：在茶文化展示馆设计一套火灾自动报警系统，在一层设置消防控制室。

7.管线综合规划

管线综合规划的内容有给水管线、污水管线、雨水管线、电力电缆、通信电缆管线。

（1）管线平面综合

规划考虑各种管线相互之间的干扰以及与道路的交叉、管线自身需求等因素，确定布线的基本原则如下：南北向道路——电力、给水、雨水位于路东，通信、污水位于路西；东西向道路——电力、给水、雨水位于路南，通信、污水位于路北。以上管线及其他管线与设施原则上布置于道路边上的绿化带中或人行道下，减少管线检修、铺设时道路开挖给交通带来的影响。

（2）管线竖向综合

地下管线之间应满足各种管线的最小净距要求，如表 6-5 所示。

表 6-5　管线间最小水平净距

（单位：m）

类型		给水管		排水管（雨、污）	燃气管		电力电缆	电信电缆
		$D \leqslant 0.2$	$D > 0.2$		低压	中压		
给水管	$D \leqslant 0.2$	—	—	1	0.5	1.2	0.5	1
	$D > 0.2$	—	—	1.5				
排水管（雨、污）		1	1.5	—	1	1.2	0.5	1
燃气管	低压	0.5		1	0.5		0.5	1
	中压	1.2		1.2				
电力电缆		0.5	0.5	0.5	0.5	0.5	0.5	0.5
电信电缆		1		1	1	1	0.5	0.5

（八）建筑规划设计实施

1. 投资估算

本项目的投资估算包括所列的工程费用、工程建设其他费用和预备费用。其中工程费用包括建安工程费用、设备购置费用、其他费用（包括土地整理费用、室外管网及环境工程建设费用、公共设施建设及维护费用等）。项目总投资不包含土地划拨所发生的费用，工具购置、安装费用。基础工程按地基正常情况考虑。

（1）估算依据

《建筑工程主要工程量估算指标（参考）》；

《市政工程投资估算指标》；

《基本建设项目建设成本管理规定》（财建〔2016〕504）；

《工程勘察设计收费标准使用手册》；

《防雷装置设计技术审查收费、防雷装置施工跟踪检测收费标准》。

（2）其他相关设计定额

估算建设工程总投资 8 799.15 万元，其中建安工程费用 4 272.78 万元，室外工程费用 3 874.58 万元，工程建设其他费用 244.42 万元，预备费用 407.37 万元。

2. 开发策略与建设时序

（1）近期（2021—2022年）

经过两年努力，通过市场机制的推动及政府的扶持，建设完成两大分区——产业展示区、生产加工区，把"长三角一体化发展——郎溪县涛城镇茶旅文化融合发展示范区基础设施（乡村振兴）建设——庆丰茶产业园基础设施工程"打造成长三角地区主要的茶叶及茶产品流通中心，真正起到辐射和带动作用，进而把郎溪县涛城镇庆丰茶产业园打造成中国茶产品交易的龙头地区。

（2）远期（2023—2025年）

远期完成入口广场区及鲜叶交易区，整合周边其他茶产品流通中心，最终把郎溪县涛城镇庆丰茶产业园打造成长三角地区最大的茶产品信息中心、需求中心、供给中心、茶产品安全中心、茶产品贸易中心，使长三角地区发展成为真正走向世界、面向国际的茶产品贸易及展览中心。

参 考 文 献

［1］张晓春.最美乡村：当代中国乡村建设实践［M］.桂林：广西师范大学出版社，2018.

［2］傅大放，闵鹤群，朱腾义.生态养生型美丽乡村建设技术［M］.南京：东南大学出版社，2018.

［3］赵坚.乡土营建［M］.石家庄：河北美术出版社，2018.

［4］孔祥智.乡村振兴的九个维度［M］.广州：广东人民出版社，2018.

［5］汤喜辉.美丽乡村景观规划设计与生态营建研究［M］.北京：中国书籍出版社，2019.

［6］蒋高明.乡村振兴：选择与实践［M］.北京：中国科学技术出版社，2019.

［7］王韬.主体认知视角下乡村聚落营建的策略与方法［M］.南京：东南大学出版社，2019.

［8］李正祥，杨锐铣.乡村生态文明与美丽乡村建设概论［M］.昆明：云南大学出版社，2021.

［9］邓福康.新时代美丽乡村与人居环境［M］.长春：吉林大学出版社，2020.

［10］庄志勇.乡村生态景观营造研究［M］.长春：吉林人民出版社，2020.

［11］王美玲，李晓妍，刘丽楠.乡村振兴探索与实践［M］.银川：宁夏人民出版社，2020.

［12］许维勤.乡村治理与乡村振兴［M］.厦门：鹭江出版社，2020.

［13］陈树龙，毛建光，褚广平.乡村规划与设计［M］.北京：中国建材工业出版社，2021.

［14］刘文奎.乡村振兴与可持续发展之路［M］.北京：商务印书馆，2021.

［15］王智猛.脱贫攻坚与乡村振兴的理论与实践［M］.成都：四川大学出版社，2021.

［16］陈建军.建筑设计过程与设计质量保证体系［J］.建筑设计管理，2004，（2）：40-43.

［17］王宇洁.纸面上的世界：建筑设计过程中的图示表达［J］.华中建筑，2005（5）：71-74.

［18］田利.建筑设计基本过程研究［J］.时代建筑，2005（3）：72-74.

［19］窦德椴.建筑设计过程中的结构化方法［J］.工程与建设，2011，25（3）：331-333.

［20］叶鑫,龚曲艺,徐露.乡村振兴背景下建筑的在地性设计策略探讨［J］.居舍，2018（22）：248.

［21］张金明.基于乡村振兴需求的建筑设计教学实践与思考：以广东石油化工学院"工作室"建筑设计教学课程为例［J］.天工，2019（8）：64-65.

［22］周永毅.乡村振兴背景下民居建筑节能设计探究［J］.居舍，2020（4）：118.

［23］张琳娜.乡村振兴战略背景下公共艺术在乡村建筑中的应用［J］.建筑结构，2021，51（8）：151.

［24］李晶,李琳,梁骁.乡村振兴背景下现代乡村建筑的传承与创新［J］.城市建筑，2021，18（17）：49-52.